JN059160

数学プライマリ

丸本嘉彦
張替俊夫
田村　誠
共著

学術図書出版社

はじめに

　本書は，大学に入学して数学の学習をしようとしたとき，高校までの学習と大学からの学習との間にどこか不安を覚える人たちに，数学に必要な「基本動作」をもう一度見直してもらうために書かれました．本書で学習するための予備知識としては，高校での数学 I に相当する内容を仮定しています．数学を最初から勉強し直そうというような体系だったものにはなっていませんが，本書を出発点にして，自分にとってどこが不十分だったかを知ることができると思います．

　大学の文系に進学したので，やっと数学の勉強から解放されると思った人はいないでしょうか．理系に進むことにはなったものの，数学の勉強に不安になっている人もいるでしょう．大学で文系コースに進んでも，ましてや理系コースに進んでも数学の必要度は非常に大きいものです．ところが，いざ数学を学習しようとしたとき，色々な記号，文字，数式が多く現れ，たくさんの公式と呼ばれるものが登場して，「頭が痛くなる」なんて言う人はいませんか．

　「頭が痛くなる」原因の 1 つは，数学を学習するための「基本動作」の練習不足にある場合がほとんどです．本書では，最初にも書きましたように，数学の学習に必須なこの「基本動作」を見直してみたり，練習することを目的にしています．この本で学習をしようとする人は，すでにこれまでに数学を学習したことがあるはずですが，どこがウィークポイントとなって数学の学習を困難にさせているかは人それぞれです．

　本書を最初から丹念に読んで問題を解いてゆく必要はありません．学習の途中で，あの部分が少し苦手かなと思ったら，そこに引き返して練習すればよいのです．この，前に引き返してもう一度練習する，ということが一番大切なこ

となのです．このことを何度か繰り返せば，必ず理解できるようになります．
最初から気負わずに，しかし根気よく繰り返すことが大切です．

　最後に，この図書を出版するにあたり，学術図書出版社に多大なご協力をい
ただきました．ここに感謝申し上げます．

2004 年 7 月

著者一同

目　　次

1 計算の基本

四則計算 $(+, -, \times, \div)$ の計算順序の約束

( ),{ } ：　カッコのなかは優先して計算する

$\times, \div$ 　　：　乗・除は加・減より優先する

$\times$ は省略して表すこともある．　文字と数値の積は数値を先に書く．

$\div$ は分数で表すこともできる．

式を $+, -$ で区切った１つ１つを **項** という．１つの項からなる式を**単項式**，２つ以上の項からなる式を**多項式**という．

累乗の計算　　A を p 回繰り返してかけた数を A^p と表し，$A^0 = 1$ と約束する：

$$A^p = \underbrace{A \times A \times \cdots \times A}_{p \text{ 個}}$$

$$A^p \times A^q = A^{p+q}, \quad A^p \div A^q = A^{p-q}$$

$$(A^p)^q = A^{p \times q}, \qquad (A \times B)^p = A^p \times B^p$$

文字式の次数　　単項式の**次数**とは，その式中で着目している文字がかけられている回数をいう．多項式の**次数**とは，その式の項の次数で最大のものをいう．また，次数が 0 の項をとくに**定数項**という．

分配法則

$$A(B + C) = AB + AC, \quad (A + B)C = AC + BC$$

文字の部分が同じ項を**同類項**という．同類項は分配法則を用いて，和・差の計算をすることができる．

━━━━━━━━━━━━━━ 練習問題 ━━━━━━━━━━━━━━

練習 1.1　　次の計算をしなさい．

(1)　$(2 - 3 + 4 - 5) + (2 - (3 + 4) - 5) + (2 - ((3 + 4) - 5))$

(2)　$2 \times 3 + 4 - 2 + 3 \times 4 + (2 + 3) \times 4$

(3)　$12 \div (3 \times 2) - (12 \div 3) \times 2 + 12 \div 3 \times 2$

(4)　$(24 \div 6) \div 2 + 24 \div (6 \div 2) + 24 \div 6 \div 2$

(5) $5(2a - 3b) - 3(3a + 2b)$

(6) $5A(8A + 2B) - 6B(-5A - 3B)$

(7) $2(-3A + 2B - 4C) - 5(-2A - B + 3C) + (4A + 3B - 2C)$

練習 1.2 次の 2 式 P, Q に対して $P + Q$, $P - Q$, $P \times Q$ を求めなさい.

(1) $P = 5A + 1,$ $Q = 2 - 3A$

(2) $P = -2a + 1,$ $Q = a - 3b$

(3) $P = 5A - 6B,$ $Q = 3A + 2B$

(4) $P = AB(A + B),$ $Q = AB(A - B)$

練習 1.3 次の計算をし, 指定された文字の次数も求めなさい.

(1) $5x(x^2 - 1) - 3(x^2 - x + 1)$ (x について)

(2) $(5A)^2 - 5A^2 + 4^2A - (-3A)^2$ (A について)

(3) $-3x\{x - 2x(x^2 - 5)\} + 3x^4$ (x について)

(4) $A^2 \times AB^2 \div AB \times B^3 \div A$ (A について, B について)

(5) $(3XY)^2 - 3XY^2 \times (2Y - X)$ (X について, Y について)

練習 1.4 次で指定された文字部分を書き換え, 計算しなさい.

(1) $-5A + 3$ (A を $2 - b$)

(2) $x(x - 2)$ (x を $m + 2$)

(3) $AB - A + B$ (A を $-x + y$, B を x)

(4) $xy - 3x + 5y + 1$ (y を $x + 1$)

練習 1.5 次の各式の指定された文字を, 他の文字を用いた式で表しなさい.

(1) $5A + 3B = 3$ (A)

(2) $-2x + a = 3x + 5b$ (x)

(3) $3x + 2a = -2x + 4b$ (b)

(4) $-3A + 2(B - 2) = 5(A - 2B) - 1$ (B)

2 分数の計算

計算規則

(1) $\dfrac{B}{A} = \dfrac{B \times C}{A \times C}$ 　　　ただし，　　$C \neq 0$

(2) $\dfrac{B}{A} + \dfrac{D}{A} = \dfrac{B+D}{A}$ ，　　　$\dfrac{B}{A} + \dfrac{D}{C} = \dfrac{BC + AD}{AC}$

(3) $\dfrac{B}{A} \times \dfrac{D}{C} = \dfrac{B \times D}{A \times C}$

(4) $\dfrac{B}{A} \div \dfrac{D}{C} = \dfrac{B}{A} \times \dfrac{C}{D}$

繁分数　　$\dfrac{\dfrac{B}{A}}{\dfrac{D}{C}} = \dfrac{B}{A} \div \dfrac{D}{C} = \dfrac{B}{A} \times \dfrac{C}{D}$

負べき　0でない数 A について，A^{-1} は $\dfrac{1}{A}$ のことと約束する．また，$(A^p)^{-1}$ を A^{-p} と書くことにする．

$$A^{-1} = \frac{1}{A}, \qquad (A^p)^{-1} = \left(A^{-1}\right)^p = A^{-p}$$
$$\left(A^{-1}\right)^{-1} = A, \quad XY^{-1} = \frac{X}{Y}, \qquad\qquad X^p Y^{-q} = \frac{X^p}{Y^q}$$

商と余り　B を A で割った商を Q, 余りが R であるとき, つまり $B = AQ + R$ が成り立っていると,

$$\frac{B}{A} = \frac{AQ + R}{A} = Q + \frac{R}{A}$$

━━━━━ 練習問題 ━━━━━

練習 **2.1**　次の計算をし1つの分数として表しなさい.

(1) $2 \div 3 + 4 - 5 \div 6 \times 7$

(2) $2 \div (3 \div 9) - (2 \div 3) \div 9$

(3) $2 \times 3 \div 4 - 3 \div 4 \times 5$

(4) $\dfrac{1}{6} - \dfrac{2}{3} + \dfrac{3}{4}$

(5) $\dfrac{5}{3} \div \dfrac{3}{2} - \left(\dfrac{3}{8} - \dfrac{1}{6}\right)$

(6) $\dfrac{2}{3} \div \left(\dfrac{5}{2} \div \left(\dfrac{1}{2} + \dfrac{1}{3}\right)\right)$

(7) $(15A + A^2) \div (5A^2) + A$

(8) $(12B - 4C) \div (3B - C)$

(9) $\dfrac{A^2 - 4A^3}{A} \times \dfrac{1}{A}$

(10) $1 - x + \dfrac{x^2 - 1}{x^2} \div \dfrac{1}{x}$

練習 2.2 次の計算をしなさい.

(1) $\dfrac{5}{3} \div \dfrac{25}{6}$

(2) $\dfrac{\frac{3}{5}}{6}$

(3) $\dfrac{9}{\frac{1}{4}}$

(4) $\dfrac{9}{\frac{15}{6}}$

(5) $\dfrac{\frac{1}{9}}{\frac{1}{12}}$

(6) $\dfrac{\frac{7}{2}}{\frac{3}{4}}$

(7) $\dfrac{\frac{1}{4} - \frac{1}{6}}{\frac{4}{3} + \frac{3}{2}}$

(8) $\dfrac{\frac{1}{6} \div \frac{1}{5}}{\frac{2}{3} \times \frac{1}{5}}$

(9) $\dfrac{\frac{1}{3} \div \frac{2}{3}}{\frac{5}{6} \div \frac{3}{4}}$

(10) $\dfrac{1}{2 - \dfrac{1}{\frac{2}{5}}}$

(11) $\dfrac{\frac{3}{4}}{1 + \dfrac{1}{3 + \frac{1}{2}}}$

練習 2.3 次の計算をし,1つの分数として表しなさい.

(1) $3a^{-1} + a$

(2) $A^2 B^{-1} + A^{-1} B^2$

(3) $(xy)^{-1} + (2x)^{-1} + 2y^{-1}$

(4) $XY^2 + XY^{-2} + (XY)^{-2}$

(5) $-(3A)^2 + 3A^2 - 3A^{-1} + (3A)^{-1}$

練習 2.4 次の各式を変形することにより,指定された文字を他の文字を用いた式で表しなさい.

(1) $-\dfrac{2a}{3} + \dfrac{6b}{5} = \dfrac{1}{2}$ 　　　　　(a)

(2) $\dfrac{a}{4} + \dfrac{b}{3} - \dfrac{1}{2} = \dfrac{a}{5} - \dfrac{b}{4} + \dfrac{1}{3}$ 　　　　　(b)

(3) $\dfrac{a + 1}{5} = \dfrac{2b - 1}{3}$ 　　　　　(a)

(4) $(3a - 2) : (b + 7) = 2 : 3$ 　　　　　(b)

(5) $(x + 5) : (y - 2) = x : y$ 　　　　　(y)

3 関数

関数

x, y について, x の値 (変数値) を定めると, y の値 (関数値) がただ 1 つ定められるとき, y は x の**関数**となっているという. $y = f(x)$ などと表す.

関数 $y = f(x)$ について, $x = a$ であるときの y の値を $y = f(a)$ と表す.

関数のグラフ

$y = f(x)$ が成り立っているような点 (x, y) を座標平面にとり, このようなすべての点の集まりを, 関数 $y = f(x)$ の**グラフ**という.

1 次関数

関数 $y = ax + b$ を **1 次関数**という (ただし, a, b は定数). このグラフは点 $(0, b)$ を通り, 傾き a の直線になる.

練習問題

練習 3.1 以下で述べられた関数を式を用いて表示しなさい.

(1) 変数値を 3 倍したものから 4 を引いた値が関数値となる.

(2) 変数値を 2 乗したものを 5 倍し, さらに 3 で割ると関数値となる.

(3) 変数値から, 関数値を引くと -7 となる.

(4) 変数値を 5 倍したものが, 関数値の 2 倍したものと等しい.

(5) 変数値から 2 を引いた値と, 関数値から 5 を引いた値の比が $3 : 4$ となる.

練習 3.2 以下の関数について, 与えられた変数値に対する関数値を求めなさい.

(1) $f(x) = 4x - 1$ \qquad\qquad $(x = 3)$

(2) $f(t) = 2 - 5(t - 2)$ \qquad\qquad $(t = -1)$

(3) $g(x) = x$ \qquad\qquad $(x = 2)$

(4) $g(t) = 5$ \qquad\qquad $(t = -2)$

(5)　$h(x) = \dfrac{1}{x} + \dfrac{2}{3}$ $\qquad\qquad$ $(x = -4)$

(6)　$F(x) = x \times (x-1) \times (x-2)$ $\quad$ $(x = 5)$

(7)　$G(x) = x + \dfrac{1}{3 + \dfrac{1}{x}}$ $\qquad$ $(x = -2)$

(8)　$F(t) = \dfrac{2}{t} - \dfrac{t}{3}$ $\qquad\qquad$ $\left(t = \dfrac{3}{4} \right)$

(9)　$G(t) = t^{-2} + t^{-1} + t^0 + t$ $\qquad$ $\left(t = \dfrac{2}{3} \right)$

(10)　$g(x) = |x-1| + |-x+2|$ $\qquad$ $\left(x = \dfrac{3}{5} \right)$

練習 3.3　次で定められる x についての関数 y のグラフの概形を描きなさい.

(1)　$y = 2x$ $\qquad\qquad\qquad$ (2)　$y = -x$

(3)　$y = 3$ $\qquad\qquad\qquad\quad$ (4)　$y = 3x + 6$

(5)　$2x - y + 1 = 0$ $\qquad\quad$ (6)　$x + 2y - 3 = 0$

練習 3.4　次の直線を表す関数を求めなさい.

(1)　原点を通り,傾き -3 の直線

(2)　点 $(0, -1)$ を通り,傾き 2 の直線

(3)　x 軸上の点 $(2, 0)$ と,y 軸上の点 $(0, 3)$ を通る直線

(4)　点 $(2, 1)$ を通り,y 軸に垂直な直線

練習 3.5　以下の関数について,指定された変数値を代入しなさい.

(1)　$f(x) = 5x - 3$ $\qquad\qquad\qquad$ $(x = a - 1)$

(2)　$g(x) = x^2 + x + 1$ $\qquad\qquad$ $(x = -b)$

(3)　$G(t) = 5$ $\qquad\qquad\qquad\qquad$ $(t = 3a)$

(4)　$H(x) = 2x + x^{-1} - 3$ $\qquad$ $(x = c^{-2})$

(5)　$F(t) = (t-1)^2 - 5(t-1) + 1$ $\quad$ $(t = x^2 + 1)$

(6)　$\varphi(t) = (t+5)^{-3} + (t+5)^3$ $\quad$ $(t = x^{-2} - 5)$

6

4 式の展開

恒等式

　文字を含んだ2つの式 P,Q について，着目している文字がどのような場合にでも $P=Q$ が成り立つとき，この等式を**恒等式**という.

分配法則

$$A(B+C) = AB + AC, \quad (A+B)C = AC + BC$$

展開公式 (その1)

$$(A+B)^2 = A^2 + 2AB + B^2$$

$$(A-B)^2 = A^2 - 2AB + B^2$$

$$(A+B)(A-B) = A^2 - B^2$$

$$(X+A)(X+B) = X^2 + (A+B)X + AB$$

$$(AX+B)(CX+D) = ACX^2 + (AD+BC)X + BD$$

展開公式 (その2)

$$(A+B)^3 = A^3 + 3A^2B + 3AB^2 + B^3$$

$$(A-B)^3 = A^3 - 3A^2B + 3AB^2 - B^3$$

$$(A+B)(A^2 - AB + B^2) = A^3 + B^3$$

$$(A-B)(A^2 + AB + B^2) = A^3 - B^3$$

練習問題

練習 4.1　次の等式のなかから恒等式を選びなさい.

(1)　$-2x - 5(-x+4) = 3x - 20$

(2)　$-2x - 5(-x+4) = -7x - 20$

(3)　$4(-2t+1) - 2(3t-1) = -14t + 3$

(4)　$4(-2t+1) - 2(3t-1) = -14t + 6$

練習 4.2　分配法則を用いて，展開公式が得られることを確かめなさい.

練習 **4.3** 次の各式を展開しなさい.

(1) $(x+3)^2$ (2) $(-2+z)^2$

(3) $(-X-2)(-X+2)$ (4) $(\sqrt{5}a-5b)(\sqrt{5}a+5b)$

(5) $(A+1)(A-7)$ (6) $(x-5)(x+3)$

(7) $(2t+5)(3t+4)$ (8) $(P-2x)(P-4x)$

(9) $(2a+1)^3$ (10) $(5x-2)^3$

(11) $(x-3)(x^2+3x+9)$ (12) $(2x+1)(4x^2-2x+1)$

練習 **4.4** 展開公式を利用して, 次の値を求めなさい.

(1) 101^2 (2) 99^2 (3) 101×99

(4) 25×35 (5) $(\sqrt{2}+1)^2$ (6) $(\sqrt{5}-2)^2$

練習 **4.5** 以下の各式を展開したときの指示された係数などを求めなさい.

(1) $(x+3)(x+5)$ の定数項

(2) $(B+1)(B+2)(B-3)$ の B^3 の係数

(3) $(2t+3)(t+7)$ の t の係数

(4) $(x^2+5)(x-6)$ の x^2 の係数

(5) $(a+2)(a^2-5a+7)$ の a^2 の係数

(6) $(P+3)(P+4)(P+5)$ の P^2 の係数

練習 **4.6** 次の計算をしなさい.

(1) $(A+B)^2(A-B)^2$ (2) $(a+b-1)^2$

(3) $(A-B+C)(A+B-C)$ (4) $(1+2r)(1-2r+4r^2-8r^3)$

練習 **4.7** 関数 $f(t)=(t+2)(2t-1)+2$ について, 次を展開しなさい.

(1) $f(-x)$ (2) $f(x-2)$

(3) $f\left(x+\dfrac{1}{2}\right)$ (4) $f(-x)+f(x)$

(5) $f(1-x) \times f(1+x)$ (6) $f(f(x))$

演習 1 次の計算をしなさい.

(1) $4 - 2 \times (7 - 2 \times (3 - 4 \times (5 - 8)) - (1 - 7) \times (5 - (3 - 4)))$

(2) $(2 - 5 \div (4 + 1 \div 3)) \times 3 \div (4 - 3 \div (3 - 1))$

(3) $16 \div 4 \times 3 - (18 \div 2) \times 4 + 18 \times (4 \div 2)$

(4) $6x - 3\{2x - 5(3x - 4(x - 6))\}$

(5) $(5x - 3y) - 6\{3y - 2(4x - 6(2x - 4(x - y)))\}$

(6) $y\{x - (y + x(y - x(x - y)))\}$

(7) $x(xy(x^2 - y^2) - x^2(x + y)) - 2y(xy(y^2 - x^2) - y^2(x + y))$

(8) $(AB)^2 \div A^3B - (AB^2 \div A^3)B + AB^2 \div (AB)^3$

(9) $\dfrac{A}{3} \div \dfrac{1}{6} \times 2 - A \times \dfrac{1}{5} \div 3$

(10) $\left\{\left(\dfrac{2A}{5} - \dfrac{B}{3}\right) \div \dfrac{3}{4}\right\} \div \dfrac{1}{3} + \left(\dfrac{6A}{5} - \dfrac{3B}{4}\right) \div \dfrac{3}{7}$

(11) $\left(\dfrac{1}{3} - \dfrac{1}{4}\right) \div \left(\dfrac{1}{5} + \dfrac{1}{4}\right)$

(12) $\dfrac{\frac{3}{4} - \frac{1}{8}}{\frac{1}{6} \div \frac{1}{2}} - \dfrac{\frac{2}{3} \div \frac{2}{9}}{\frac{5}{6} \times \frac{3}{2}}$

(13) $\dfrac{\dfrac{1 + \frac{1}{2}}{\frac{5}{2}}}{3 - \frac{1}{4}}$

(14) $\dfrac{\frac{5}{9} - 0.5}{0.15 - \frac{1}{6}}$

(15) $\dfrac{\frac{1}{2} + \frac{1}{3}}{\frac{5}{6} - \frac{1}{3}}$

(16) $\dfrac{0.2 - \frac{1}{9}}{\frac{1}{3} - 0.25}$

(17) $\dfrac{\frac{1}{8} + 0.1}{\frac{1}{8} \div 0.25}$

(18) $\dfrac{2 + \dfrac{1}{3 - \frac{2}{3}}}{3 - \dfrac{1}{2 - \frac{5}{2}}}$

演習 2 次の各式で，指定された項の係数を求めなさい.

(1) $(-3A + 2)(5A + 9)$ (A)

(2) $(y^2 + 5)(y - 6)$ (y)

(3) $(X + 2)(X^2 - 5X + 7)$ (X)

9

(4) $(Q+3)(Q+4)(Q+5)$ $(\ Q \ )$

(5) $(x-1)(x+2)(x-3)$ $(\ x^2 \ )$

(6) $(3A+2)(A^2-2)(-2A+1)$ $(\ A, \ A^2 \ )$

(7) $(2P-P^2)(P^2+3P-1)$ $(\ P, \ P^2 \ )$

演習 3 次の各式の指定された文字部分を指定された式，文字，値などを代入し計算しなさい．

(1) A^2+5A+6 $\left(\ A=0, \ \dfrac{2}{3}, \ -\dfrac{1}{4} \ \right)$

(2) $\dfrac{B^2}{4}-\dfrac{3}{2}B+2$ $\left(\ B=-\dfrac{3}{2}, \ -1, \ \dfrac{3}{4} \ \right)$

(3) $(2A+B)(A-B)$ $(\ A \ を \ x+y, \ B \ を \ x-y \ )$

(4) $(2x+3y)(x-y)$ $(\ x \ を \ -2y+1 \ )$

(5) $xy^3-x^2y+x^3y$ $(\ x \ を \ -a+1, \ y \ を \ a+1 \ )$

(6) $A^3B-A^2B^3 \div (AB)^2-(AB)^2$ $(\ A \ を \ -x, \ B \ を \ 2x \ )$

(7) $AB^{-1}+A^{-2}B-A^{-1}B^{-2}$ $(\ A \ を \ x^{-1}, \ B \ を \ 2x \ )$

(8) $x-\dfrac{1}{x^{-2}}+x^{-1}$ $(\ x=3 \ )$

(9) $AB+AB^{-1}+(AB)^{-1}$ $(\ A=3, \quad B=2 \ )$

(10) $x^{-1}-x^{-2}+x^{-3}$ $(\ x=ab^{-1} \ )$

演習 4 次の各式を変形することにより，指定された文字を他の文字を用いた式で表しなさい．

(1) $-3(A-2)+2(B+1)=-4$ $(\ A \ )$

(2) $\dfrac{2}{3}(A+1)-\dfrac{3}{2}(B-1)=\dfrac{3}{4}(A-1)-\dfrac{5}{6}(B+1)$ $(\ B \ )$

(3) $(a-2(b+3)):(-(a+3)+2(b+1))=5:(-4)$ $(\ b \ )$

(4) $2(X-(Y-(X+1)))=-3(Y-(X+(Y-1)))$ $(\ X \ )$

(5) $a^2x=2+a-x$ $(\ x \ )$

(6) $ab^{-1}-\dfrac{2}{b^2}=b^{-1}$ $(\ a \ )$

(7) $\dfrac{1+\dfrac{b}{a}}{1-\dfrac{b}{a}}=\dfrac{1}{3}\div\dfrac{1}{5}$ (a)

(8) $xy^{-1}+2=\dfrac{xy-1}{xy}$ (x)

(9) $p^2(1-q)=r^2(1+q)$ (q)

(10) $(A+B)^2=B(2A+B-1)$ (B)

(11) $(x+y)^2-x^2=1$ (x)

(12) $(A+1)^2-(B+1)^2=A(A+3)$ (A)

(13) $(A+3)^2=A^2+B^2+1$ (A)

(14) $(a+1)^2=(a-1)^2+b^2$ (a)

(15) $(x+1)(x+a)=x^2+3a$ (x)，ただし，$a\neq-1$ とする

(16) $(a+b)^2-(a-b)^2=-a+4b$ (b)，ただし，$a\neq-1$ とする

演習 5 次で定められる x についての関数 y のグラフの概形を描きなさい.

(1) $y=-3(x+1)$ (2) $y=-1$

(3) $x+y=2$ (4) $y=\dfrac{x-1}{5}$

演習 6 以下の関数について，指定された関数値を求めなさい.

(1) $f(x)=x-\dfrac{1}{x}$ $\left(f(1),\ f\left(2+\dfrac{1}{3}\right),\ f(-5)\right)$

(2) $g(t)=|t|-|3-2t|$ ($g(0),\ g(-2),\ g(4)$)

(3) $f(t)=-3t+4$ ($f(-a),\ f(a-2),\ f(2a)$)

(4) $g(x)=\dfrac{-x-5}{6}$ ($g(5x+5),\ g(-2a),\ g(0)$)

(5) $f(x)=x^2+5x+6$ ($f(0),\ f(-3),\ f(-2a)$)

(6) $f(t)=t^2-t+1$ ($f(a+1),\ f(a-2)$)

(7) $f(x)=x^3-x+1$ ($f(a-1),\ f(-2a+1)$)

(8) $g(t)=t(t+1)^2$ $\left(g(x-2),\ g(3x-1),\ g\left(\dfrac{2}{3}\right)\right)$

(9) $F(X)=(X-1)(X+1)$ ($F(x-1),\ F(2x+3)$)

(10) $G(t)=(t+1)^2-(t+1)-6$ $\left(G(x-1),\ G\left(\dfrac{1}{3}\right)\right)$

11

5 平方根のある計算

平方根 実数 a が $a \geqq 0$ であるとする. 2乗すると a となる実数で負でないもの (つまり正または0) を $\sqrt{a}$ で表す. 記号 $\sqrt{}$ を**根号**という.

$$\sqrt{A^2} = \begin{cases} A & (ただし,\ A \geqq 0 のとき) \\ -A & (ただし,\ A \leqq 0 のとき) \end{cases}$$

平方根の計算

$$\left(\sqrt{a}\right)^2 = a\,, \quad \sqrt{a} \times \sqrt{b} = \sqrt{a \times b}\,, \quad \frac{\sqrt{b}}{\sqrt{a}} = \sqrt{\frac{b}{a}}$$

分母の有理化

$$\frac{A}{\sqrt{B}+C} = \frac{A \times \left(\sqrt{B}-C\right)}{\left(\sqrt{B}+C\right) \times \left(\sqrt{B}-C\right)} = \frac{A \times \left(\sqrt{B}-C\right)}{B-C^2}$$

などの変形を利用し, 分母に根号がない形にすることを**分母の有理化**という.

2重根号の計算

$$\sqrt{a+b-2\sqrt{ab}} = \sqrt{\left(\sqrt{a}-\sqrt{b}\right)^2} = \sqrt{a} - \sqrt{b} \quad (ただし,\ a \geqq b)$$

などの計算により, 根号のなかに根号が入っている式を簡単にできる場合がある.

―――――――― 練習問題 ――――――――

練習 5.1 次の計算をしなさい.

(1) $\sqrt{25}$ (2) $\sqrt{144}$ (3) $\sqrt{(-2)^2}$

(4) $\sqrt{3^4 \times (-7)^2}$ (5) $\sqrt{0.01}$ (6) $\sqrt{\dfrac{1}{9}}$

(7) $\sqrt{\dfrac{36}{25}}$ (8) $\sqrt{16^{-1}}$ (9) $\sqrt{\dfrac{3^4 5^{-2}}{2^4}}$

練習 5.2 次の計算をしなさい.

(1) $\sqrt{4} \times \sqrt{9}$ (2) $\sqrt{3} \times \sqrt{12}$

(3) $\sqrt{15} \div \sqrt{5}$ (4) $\sqrt{75} \times \sqrt{45} \div \sqrt{27}$

(5) $\sqrt{18} + \sqrt{32} - \sqrt{50}$ (6) $2\sqrt{12} - \sqrt{3} + 3\sqrt{27}$

(7) $\sqrt{3}(\sqrt{27} + \sqrt{12})$ (8) $\sqrt{5}(\sqrt{45} - 2\sqrt{5})$

練習 5.3 分母を有理化しなさい.

(1) $\dfrac{5}{\sqrt{3}}$ (2) $\dfrac{6}{\sqrt{8}}$ (3) $\dfrac{\sqrt{2}+\sqrt{3}}{\sqrt{6}}$

(4) $\dfrac{3}{\sqrt{2}-1}$ (5) $\dfrac{\sqrt{5}}{7+3\sqrt{5}}$ (6) $\dfrac{\sqrt{2}-1}{\sqrt{5}+2}$

練習 5.4 次の計算をしなさい.

(1) $\dfrac{1}{\sqrt{2}} + \dfrac{1}{\sqrt{3}}$ (2) $\dfrac{1}{1+\sqrt{2}} - 3$ (3) $\sqrt{\dfrac{5}{2}} + \sqrt{\dfrac{2}{5}}$

(4) $\dfrac{6}{\sqrt{3}+1} + \dfrac{1}{\sqrt{3}-2}$ (5) $\left(\sqrt{3}-1\right)^{-2} + \left(\sqrt{3}-1\right)^{-1}$

練習 5.5 次の値を 2 重根号のない表示に変形しなさい.

(1) $\sqrt{(6-\sqrt{3})^2}$ (2) $\sqrt{(1-2\sqrt{2})^2}$

(3) $\sqrt{\left(\sqrt{5}\right)^2 - 4\sqrt{5} + 4}$ (4) $\sqrt{6 + 2\sqrt{5}}$

(5) $\sqrt{4 - 2\sqrt{3}}$ (6) $\sqrt{5 + 2\sqrt{6}}$

練習 5.6 $x = \dfrac{\sqrt{7}-\sqrt{3}}{\sqrt{7}+\sqrt{3}}, y = \dfrac{\sqrt{7}+\sqrt{3}}{\sqrt{7}-\sqrt{3}}$ のとき, $x^2 + y^2$ を求めなさい.

練習 5.7 次の各式を変形し, 指定された文字を他の文字を用いた式で表しなさい.

(1) $\sqrt{A - 2B} = 4$, (B)

(2) $A^2 + B = 5$, (A) ただし, $A \leqq 0$ とする

(3) $\sqrt{\dfrac{a-b}{a+b}} = 2$, (a)

(4) $\sqrt{A} : \sqrt{B} = 3 : 5$, (B)

6 因数分解

因数分解 (その1)

$$MA + MB = M(A + B) \quad , \qquad MA - MB = M(A - B)$$
$$A^2 + 2AB + B^2 = (A + B)^2 \quad , \quad A^2 - 2AB + B^2 = (A - B)^2$$

因数分解 (その2)

$$x^2 + (A + B)x + AB = (x + A)(x + B)$$
$$ACx^2 + (AD + BC)x + BD = (Ax + B)(Cx + D)$$

因数分解 (その3)

$$A^2 - B^2 = (A - B)(A + B)$$
$$A^3 + B^3 = (A + B)(A^2 - AB + B^2)$$
$$A^3 - B^3 = (A - B)(A^2 + AB + B^2)$$
$$A^3 + 3A^2B + 3AB^2 + B^3 = (A + B)^3$$
$$A^3 - 3A^2B + 3AB^2 - B^3 = (A - B)^3$$

———————————— 練習問題 ————————————

練習 6.1 次の各式を因数分解しなさい.

(1) $x(x + 2) + 3x(x - 1) - 2x(3x + 2)$

(2) $(2x - 3)(x - 1) - (2x - 3)^2 + 5x(2x - 3)$

(3) $5(2a - b)x + 3(2a - b)y$ (4) $x(a - 3b) - a + 3b$

(5) $x^2 + 4x + 4$ (6) $x^3 - 4x^2 + 4x$ (7) $x^2 + 8x + 16$

(8) $x^2 - 8x + 16$ (9) $x^2 + 4x + 3$ (10) $x^2 + 4x - 5$

(11) $x^2 + 4x - 12$ (12) $x^2 - 4x - 12$ (13) $X^2 + 5X - 36$

(14) $P^2 - 13P + 36$ (15) $B^2 - 9B - 36$ (16) $q^2 - 15q + 36$

練習 6.2 次の各式を因数分解しなさい.

(1) $x^2 + 6xy + 9y^2$ (2) $x^2 + 6xy - 16y^2$ (3) $x^2 + 7xy - 8y^2$

(4) $A^2 - 7AB + 12B^2$ (5) $x^2 - 25$ (6) $3x^3 - 3x$

(7) $x^3 - 1$ (8) $a^3 - 64b^3$

(9) $a^3 + 3a^2 + 3a + 1$ (10) $t^3 - 6t^2 + 12t - 8$

(11) $3A^2 + 10AB + 3B^2$ (12) $3s^2 - 8st - 3t^2$

(13) $2a^2 + 13ab - 15b^2$ (14) $2x^2 - 11xy + 15y^2$

練習 6.3 次の各式を因数分解しなさい.

(1) $(1+x)^2 + 4(1+x) + 4$ (2) $(X-Y)^2 - 2(X-Y) - 8$

(3) $(t+1)^3 - 8$ (4) $A^4 + A^2 - 2$

(5) $x^4 - 1$ (6) $t^4 + 2t^2 + 1 - t^2$

(7) $(2x-y)^2 + y - 2x - 6$ (8) $(x-y+1)^2 + x - y - 5$

(9) $x^2 + (y+2)x + 2y$ (10) $x^2 + xy + 5x + 4(y+1)$

(11) $x^2 + xy - 3x - 3y$ (12) $x^2 + xy + x - y - 2$

練習 6.4 次の値を 2 重根号のない表示に変形しなさい.

(1) $\sqrt{7 + 2\sqrt{6}}$ (2) $\sqrt{8 - 2\sqrt{7}}$

(3) $\sqrt{11 + 4\sqrt{6}}$ (4) $\sqrt{14 - 4\sqrt{6}}$

(5) $\sqrt{5 + \sqrt{24}}$ (6) $\sqrt{7 - \sqrt{40}}$

練習 6.5 $P = x + y$, $Q = xy$ とする. 以下を P, Q を用いて表しなさい.

(1) $3x - 2xy + 3y$ (2) $x^2 + 2xy + y^2$

(3) $x^2y + xy^2$ (4) $x^2 + y^2$

練習 6.6 次の関数を表す x についての 2 次式を, $A(x+B)^2 + C$ の形に表しなさい. ただし, A, B, C は文字 x を含まない定数である.

(1) $f(x) = x^2 + 2x + 1 + 3$ (2) $f(x) = x^2 + 4x + 5$

(3) $f(x) = x^2 - 4x + 6$ (4) $f(x) = x^2 + 6x + 9$

(5) $f(x) = -x^2 + 6x - 1$ (6) $f(x) = x^2 + 5x + 1$

(7) $f(x) = 2x^2 + 4x + 3$ (8) $f(x) = (x+3)(x-2)$

7 整式の剰余

整式の割り算 整式 A を整式 B で割ったときの商を P，余りを R とすると，

$$A = BP + R$$

ここで

$$(A\text{ の次数}) \quad = \quad (B\text{ の次数}) \quad + \quad (P\text{ の次数})$$

$$(R\text{ の次数}) \quad < \quad (B\text{ の次数})$$

剰余定理

整式 $f(x)$ を $(x-a)$ で割った余りは $f(a)$

因数定理

整式 $f(x)$ が $(x-a)$ で割り切れる $\iff$ $f(a) = 0$

━━━━━━━━━━ 練習問題 ━━━━━━━━━━

練習 7.1 次の P を Q で割ったときの商と余りを求めなさい．

(1) $P = 5x + 3,$ $\qquad\qquad Q = x$

(2) $P = 8x + 4,$ $\qquad\qquad Q = 2x + 1$

(3) $P = u + 3,$ $\qquad\qquad Q = 4u - 1$

(4) $P = 7x + 2,$ $\qquad\qquad Q = 3x$

(5) $P = x^2 + 3x + 1,$ $\qquad\quad Q = x$

(6) $P = t^2 + t + 1,$ $\qquad\quad Q = t - 1$

(7) $P = 5y^2 + 3y - 1,$ $\qquad Q = y + 1$

(8) $P = -3x^2 - 5x + 2,$ $\qquad Q = 4x + 3$

練習 7.2 次の A を B で割ったときの商と余りを求めなさい．

(1) $A = x^4 + x^3 + x^2 + x,$ $\qquad B = x^2$

(2) $A = t^3 + t^2 + t + 1,$ $\qquad B = t^2 + t + 1$

(3) $A = u^3 + u^2 + u + 1,$ $\qquad B = u^2 - 1$

(4) $A = L^5 + L^3 + L,$ $\qquad B = L^2 + L + 1$

練習 7.3　次の $f(x)$ が $(x-a)$ で割り切れるとする．実数 a の取りうる値をすべて求めなさい．

(1)　$f(x) = x^2 + 4x + 4$　　　　(2)　$f(x) = x^2 + x - 2$

(3)　$f(x) = x^3 - 3x + 2$　　　　(4)　$f(x) = 2x^3 - x^2 + x + 1$

練習 7.4　次に述べられている元の多項式を求めなさい．

(1)　x で割ると，商が $x+5$，余りが 0 となる多項式

(2)　t で割ると，商が 3，余りが 2 となる多項式

(3)　$u+1$ で割ると，商が $3u+1$，余りが 0 となる多項式

(4)　$x-1$ で割ると，商が $-x+5$，余りが 7 となる多項式

(5)　x^2+1 で割ると，商が $3x-1$，余りが $2x+5$ となる多項式

練習 7.5　次の A を B で割ったときの余りを，剰余定理を用いて求めなさい．

(1)　$A = x^2 + 5x - 4,$　　　　　　$B = x - 1$

(2)　$A = t^2 - 3t + 5,$　　　　　　$B = t - 2$

(3)　$A = 4u^2 + 3u - 1,$　　　　　$B = u + 1$

(4)　$A = t^5 + t^3 + t^2 + 1,$　　　$B = t + 1$

練習 7.6　次の $f(x)$ が $g(x)$ で割り切れるとき，A を求めなさい．

(1)　$f(x) = x^2 - 3x + A,$　　　　　$g(x) = x - 1$

(2)　$f(x) = x^2 + Ax + 1,$　　　　　$g(x) = x - 1$

(3)　$f(x) = x^2 + Ax + A,$　　　　　$g(x) = x - 2$

(4)　$f(x) = Ax^2 + x + 8,$　　　　　$g(x) = x + 2$

練習 7.7　次の各式を因数定理を利用して因数分解しなさい．

(1)　$x^3 + 7x - 8$　　　　　(2)　$t^3 - t^2 + t - 1$

(3)　$x^3 - 3x + 2$　　　　　(4)　$x^3 + x^2 - 10x + 8$

8 分数式・無理式

分数式

分数 $\dfrac{B}{A}$ で，A，B が整式となっているものを**分数式**という.

分数と同じ次の計算規則が適用できる.

(1) $\quad \dfrac{B}{A} = \dfrac{B \times C}{A \times C}$，ただし，$C \neq 0$

(2) $\quad \dfrac{B}{A} + \dfrac{C}{A} = \dfrac{B+C}{A}$

(3) $\quad \dfrac{B}{A} \times \dfrac{D}{C} = \dfrac{B \times D}{A \times C}$

(4) $\quad \dfrac{B}{A} \div \dfrac{D}{C} = \dfrac{B}{A} \times \dfrac{C}{D}$

無理式

根号内が文字式となったものを**無理式**といい，次の計算規則が適用できる.

$$\sqrt{A} \times \sqrt{B} = \sqrt{A \times B}, \quad \frac{\sqrt{B}}{\sqrt{A}} = \sqrt{\frac{B}{A}}$$

無理式では，根号のなかが正または 0 でなければならない.

練習問題

練習 8.1 次の計算をし，1つの分数として表しなさい.

(1) $\quad \dfrac{3ab}{5xy^2} \times \dfrac{7x^3 y}{6a^2 b}$

(2) $\quad \dfrac{x}{x^2-1} \times \dfrac{x+1}{x^2}$

(3) $\quad \dfrac{1}{x} \div \dfrac{x}{3}$

(4) $\quad \dfrac{x+1}{x^2-2x+1} \div \dfrac{x+1}{x-1}$

(5) $\quad \left(\dfrac{1}{x} + \dfrac{1}{x^2} \right) \times x^3$

(6) $\quad \dfrac{1}{x^3-1} \div \dfrac{1}{x-1}$

(7) $\quad \dfrac{2}{3x} + \dfrac{5}{x}$

(8) $\quad \dfrac{1}{x} + \dfrac{2}{y}$

(9) $\quad \dfrac{1}{x} + \dfrac{x}{2}$

(10) $\quad \dfrac{1}{3} - \dfrac{2}{x} + \dfrac{4}{5x}$

(11) $\quad \dfrac{2}{x} + \dfrac{x}{x+2}$

(12) $\quad \dfrac{1}{x-1} + \dfrac{1}{x+3}$

(13) $\quad \dfrac{3}{x^2 y} + \dfrac{2}{xy^2}$

(14) $\quad \dfrac{x+1}{xy} - \dfrac{x+2}{x^2 y} + \dfrac{1-xy^2}{xy^3}$

(15) $\quad \dfrac{2}{x+1} + \dfrac{2x+1}{(x+1)^2}$

(16) $\quad \dfrac{3}{(x+1)^2} - \dfrac{1}{(x+1)^3}$

(17) $\dfrac{1}{A} - \dfrac{A}{A+1}$ (18) $\dfrac{1}{(x-3)(x+1)} - \dfrac{1}{x-3}$

(19) $(A+1)^{-1} + A$ (20) $(t-1)^{-1} - (t+1)^{-1}$

練習 8.2 次の計算をし，1つの分数として表しなさい．

(1) $\dfrac{1}{x(x-1)} - \dfrac{1}{x(x-3)}$ (2) $\dfrac{x+2}{(x+1)^2} - \dfrac{1}{(x+1)(x+2)}$

(3) $\dfrac{1}{x-1} - \dfrac{x+1}{x^2+x+1}$ (4) $\dfrac{1}{(x-1)^2} + \dfrac{1}{x^2-1}$

(5) $\dfrac{1}{x^2-4} + \dfrac{1}{x^2+4x+4}$ (6) $\dfrac{x}{x^2+x-6} + \dfrac{1}{x^2+5x+6}$

練習 8.3 次の計算をしなさい．

(1) $\left(\sqrt{x+1} + \sqrt{x-1}\right)^2$ (2) $\left(1+\sqrt{x-2}\right)^2 + \left(1-\sqrt{x-2}\right)^2$

(3) $\dfrac{1}{\sqrt{x}-1} - \dfrac{1}{\sqrt{x}+1}$ (4) $\dfrac{1}{\sqrt{x}+\sqrt{y}} + \dfrac{1}{\sqrt{x}-\sqrt{y}}$

練習 8.4 次の各式を変形することにより，指定された文字を他の文字を用いた式で表しなさい．

(1) $X(XY+3) = -5Y+2$ (Y)

(2) $\dfrac{1}{A} + \dfrac{1}{B} = 1$ (B)

(3) $\sqrt{x+1} : \sqrt{y-1} = 2 : 3$ (y)

(4) $\dfrac{2}{\sqrt{x}+\sqrt{y}} = \sqrt{x} - \sqrt{y}$ (y)

(5) $\sqrt{x} - \sqrt{y} = \sqrt{x+y-2}$ (y)

(6) $X^2 + Y^2 = 1$ (Y) ただし，$Y \geqq 0$ とする

演習 7 次の計算をし，簡単にしなさい．

(1) $\sqrt{(-3)^2 \times \dfrac{5^2}{2^4}}$

(2) $\sqrt{3^{-2} \times 5^2 \times 7^{-4}}$

(3) $\sqrt{\dfrac{5}{6}} - \sqrt{\dfrac{6}{5}}$

(4) $2 + \sqrt{2} - \dfrac{3}{2 - \sqrt{2}}$

(5) $\left(\sqrt{3} + 1\right)^2 - \left(\sqrt{3} + 1\right)^{-2}$

(6) $\sqrt{(4 - 7)^2}$

(7) $\sqrt{\,|\,1 - 5\,|\,}$

(8) $\dfrac{|1 - |2 - 5||}{||1 - 5| - 3|}$

(9) $\left|\dfrac{1}{3} - \dfrac{2}{5}\right|$

(10) $||3 - 5| - 7|$

(11) $\sqrt{(7 - 3^2)^2}$

(12) $\sqrt{(a^2 + 1)^2}$

(13) $\sqrt{|3 - 5|^2}$

(14) $\sqrt{\dfrac{9}{|-25 + 9|}}$

(15) $\sqrt{4 - \sqrt{15}}$

(16) $\dfrac{1}{x^2 + 2x + 1} + \dfrac{1}{x^2 + 3x + 2}$

(17) $\dfrac{x}{x^2 + x - 6} + \dfrac{1}{x^2 + 5x + 6}$

(18) $\dfrac{1}{x} - \dfrac{3}{x^2} + \dfrac{x + 1}{x^2 + 1}$

(19) $\dfrac{(x - 1)(x + 1)^{-2}}{(x + 1)(x - 1)^{-1}}$

(20) $(x + 1)^{-2} - (x^2 - 1)^{-2}$

(21) $x + \dfrac{1}{x - \dfrac{1}{x}}$

(22) $\dfrac{\dfrac{1}{x - 1} + \dfrac{1}{x + 1}}{\dfrac{1}{x - 1} - \dfrac{1}{2x + 1}}$

(23) $\dfrac{x - \dfrac{1}{x}}{\sqrt{x} + \dfrac{1}{\sqrt{x}}}$

(24) $\dfrac{1}{x + \sqrt{x^2 + 1}} + \dfrac{1}{x - \sqrt{x^2 + 1}}$

(25) $\dfrac{\sqrt{x + 1} - \sqrt{x - 1}}{\sqrt{x + 1} + \sqrt{x - 1}}$

(26) $\dfrac{1}{\sqrt{x}} - \dfrac{1}{\sqrt{x} + 2} - \dfrac{2}{x - 4}$

演習 8 分母を有理化しなさい．

(1) $\dfrac{\sqrt{2} + \sqrt{3}}{\sqrt{6}}$

(2) $\dfrac{3}{\sqrt{2} - 1}$

(3) $\dfrac{\sqrt{2} - 1}{\sqrt{5} + 2}$

(4) $\dfrac{1}{6 - \sqrt{3}}$

(5) $\dfrac{1}{\sqrt{2} + \sqrt{3}}$

(6) $\dfrac{2}{(\sqrt{3} + 1)^2}$

(7) $\dfrac{1}{(\sqrt{2}-1)(\sqrt{2}-2)}$ (8) $\dfrac{1+\sqrt{3}}{\sqrt{3}-\sqrt{5}}$ (9) $\dfrac{1}{(2-\sqrt{3})^2}$

演習 9 次の値を 2 重根号のない表示に変形しなさい.

(1) $\sqrt{11+2\sqrt{28}}$ (2) $\sqrt{7-2\sqrt{12}}$ (3) $\sqrt{7+4\sqrt{3}}$

(4) $\sqrt{11-4\sqrt{6}}$ (5) $\sqrt{14+4\sqrt{6}}$ (6) $\sqrt{5+\sqrt{24}}$

(7) $\sqrt{8-\sqrt{28}}$ (8) $\sqrt{2+\sqrt{3}}$ (9) $\sqrt{3-\sqrt{5}}$

演習 10 次の指定された変数部分に与えられた値を代入し,計算しなさい.

(1) t^2+5t-6, $(t=\sqrt{2},\quad\sqrt{3})$

(2) x^2-2x-3, $(x=\sqrt{2}-1)$

(3) $\sqrt{u}-4$, $(u=0,\quad 4,\quad 16,\quad 25)$

(4) $\sqrt{1-x^2}$, $\left(x=0,\quad\dfrac{1}{\sqrt{2}},\quad\dfrac{3}{5}\right)$

演習 11 次の各式を因数分解しなさい.

(1) $t^2-12t+20$ (2) $A^2+12A-64$

(3) $x^2+6xy+5y^2$ (4) $6x^2-13xy+6y^2$

(5) A^2-121 (6) $x^2+4xy+4y^2+2x+4y+1$

(7) $x^3-13x+12$ (8) u^3-3u^2+4

(9) A^6-1 (10) $(a+b)^2-2(a+b)+1$

(11) $(p+2)^3+(p-4)^3$ (12) $x^2+y^2-2xy+4x-4y+4$

(13) $x^2+2xy+x-4y-6$ (14) $x^2+(3y-1)x+(2y+1)(y-2)$

演習 12 次の x に関する 2 次式を $A(x+B)^2+C$ の形に表しなさい.ただし,A,B,C は定数である.

(1) $f(x)=-x^2-x+5$ (2) $f(x)=-2x^2+5x-1$

(3) $f(x)=x^2+9x$ (4) $f(x)=(2x-1)(-x+1)+3$

(5) $f(x)=-2x^2+x+1$ (6) $f(x)=(x+2)(x-3)+x^2$

演習 13 $P=x+y,\ Q=xy$ とする.次の各式を P,Q を用いて表しなさい.

(1) $(x-y)^2$ (2) $(x+2y)x+(2x+y)y$

(3)　$x(y+1)^2 + y(x+1)^2$　　　　(4)　$(1 - x^2 y)(1 - xy^2)$

演習 14　次の整式 A を整式 B で割り算をし，商と余りを求めなさい．

(1)　$A = u^2,$　　　　　　　　　　　　$B = u - 1$

(2)　$A = -y^2 + 2y + 1,$　　　　　　　$B = 3y + 1$

(3)　$A = x^3 + x^2 + x + 1,$　　　　　$B = x - 1$

(4)　$A = x^3 + x^2 - x - 1,$　　　　　$B = x^2 + 1$

演習 15　次の $f(x)$ が $g(x)$ で割り切れるとき，A を求めなさい．

(1)　$f(x) = x^2 + Ax - 2A,$　　　　　$g(x) = x - 1$

(2)　$f(x) = Ax^2 + Ax + 12,$　　　　$g(x) = x - 2$

(3)　$f(x) = x^3 + Ax^2 + 5x + A - 12,$ $g(x) = x + A$

(4)　$f(x) = x^2 + Ax - a^2 + a,$　　　$g(x) = x - a$　ただし，$a \neq 0$

演習 16　次の各式から，指定された文字を他の文字を用いた式で表しなさい．

(1)　$\dfrac{B}{A} + \dfrac{A}{B} = B$　　　　　(B)　ただし，$A > 1, B < 0$ とする

(2)　$\sqrt{x} = a + 1$　　　　　　　(x)

(3)　$\sqrt{A+1} : \sqrt{B-2} = 1 : 2$　　(A)

(4)　$\sqrt{A} + 2 = 3\sqrt{B} - 1$　　　　(B)

(5)　$X^2 + Y^2 = 1$　　　　　　(Y)　ただし，$Y \leqq 0$ とする

(6)　$\dfrac{x^2}{4} + \dfrac{y^2}{16} = 1$　　　　(y)　ただし，$y \geqq 0$ とする

演習 17　　次の関数に，指定された変数値を代入し，計算しなさい．

(1)　$F(x) = x + \dfrac{1}{x}$　　　　　　$(x = \sqrt{t} - 1, \quad \sqrt{3} + \sqrt{2})$

(2)　$g(t) = \dfrac{1}{1 - \dfrac{1}{t}}$　　　　　　$(t = \sqrt{x}, \quad \sqrt{x} + 1)$

(3)　$f(x) = \dfrac{1 - x}{1 + x}$　　　　　$\left(x = \dfrac{1}{t}, \quad \sqrt{t}\right)$

(4)　$f(x) = \dfrac{\sqrt{t} + 1}{\sqrt{t} - 1}$　　　　$(t = 0, \quad 1, \quad \sqrt{2}, \quad 2)$

9 1次方程式，2次方程式

恒等式と方程式

文字を含んだ2つの式 P, Q について，着目している文字がどのような値でも $P=Q$ が成り立つとき，この等式を**恒等式**という．

ある文字が**未知数**であり，特定の未知数の値についてのみ等式 $P=Q$ が成り立つとき，これを**方程式**という．この未知数の値を求めることを**方程式を解く**といい，この未知数の値を**解**という．

1次方程式の解法

1次方程式 $ax + b = 0$ の解は $x = \dfrac{-b}{a}$ （ただし，$a \neq 0$ のとき）

2次方程式の解法 (因数分解による)

2次方程式が $(ax + b)(cx + d) = 0$ と因数分解できると，解は $x = \dfrac{-b}{a}$, $\dfrac{-d}{c}$
(ただし，$a \neq 0$, $c \neq 0$)

2次方程式の解法 (式変形による)

2次方程式が

$$Ax^2 = B \text{ と変形できると，} \qquad x = \pm\sqrt{\dfrac{B}{A}}$$

$$A(x - B)^2 = C \text{ と変形できると，} \quad x = B \pm \sqrt{\dfrac{C}{A}}$$

(ただし，いずれの場合も $A \neq 0$，根号内が負でないことを確認する)

2次方程式の解法 (解の公式による)

2次方程式 $ax^2 + bx + c = 0$ の解は $x = \dfrac{-b \pm \sqrt{b^2 - 4ac}}{2a}$ 　（ただし $a \neq 0$）

━━━━━━━━━━ **練習問題** ━━━━━━━━━━

練習 9.1 　次のなかで，恒等式をすべてあげなさい．

(1) 　$3(x - 2) + 5 = 3x - 1$ 　　　(2) 　$(x + 1)^2 = x^2 + 2x + 1$

(3) 　$3(x - 2) + 4 = 2x + 1$ 　　　(4) 　$(x + 1)^2 = x^2 + 5x - 5$

(5) 　$\dfrac{x}{2} - \dfrac{x - 1}{3} = \dfrac{x - 1}{6}$ 　　　(6) 　$\dfrac{x}{2} - \dfrac{x - 1}{3} = \dfrac{x + 2}{6}$

練習 **9.2**　次の方程式を解きなさい.

(1) $3x + 9 = 0$　　　　　　　　(2) $(5x - 4) - (2x - 6) = 8$

(3) $\dfrac{x}{3} - \dfrac{x - 2}{4} = \dfrac{5}{6}$　　　　(4) $(5x - 4) - (2x - 6) = -3(x - 1)$

(5) $x : (x - 1) = 5 : 2$　　　　(6) $3(x - 2) : (2x + 1) = 2 : 3$

(7) $5(x - 1) + a(x + 2) = 1$　　ただし, $a \neq -5$ とする

練習 **9.3**　解の公式を用いずに, 次の 2 次方程式を解きなさい.

(1) $x^2 = 16$　　　　　　　　(2) $(x + 7)^2 = 4$

(3) $x^2 - 4x + 4 = 0$　　　　(4) $x^2 - 6x + 9 = 4$

練習 **9.4**　因数分解を利用することにより, 次の 2 次方程式を解きなさい.

(1) $x^2 - 2x + 1 = 0$　　(2) $x^2 - 9 = 0$　　(3) $x^2 - 4x - 5 = 0$

(4) $x^2 - 4x - 5 = 7$　　(5) $x^2 + x = 12$　　(6) $6x^2 + 5x - 6 = 0$

練習 **9.5**　次の 2 次方程式を解きなさい.

(1) $x^2 = 9x$　　　　　　　　(2) $x^2 + 6 = 5x$

(3) $x^2 + 6x + 6 = 0$　　　　(4) $2x^2 + 5x + 1 = 0$

練習 **9.6**　次の $f(x)$ が $g(x)$ で割り切れるとする. 数 A の取りうる値をすべて求めなさい.

(1) $f(x) = x^2 + 5x - A^2 - 4,$　　　$g(x) = x - 3$

(2) $f(x) = x^2 + Ax + A^2 - 2,$　　　$g(x) = x - 1$

(3) $f(x) = 2x^2 + x + A - 12,$　　　$g(x) = x - A$

練習 **9.7**　次の関数について, 与えられた関数値となるときの変数値を求めなさい.

(1) $g(x) = x + \dfrac{1}{x}$　　　　　　($g(x) = 3$)

(2) $f(x) = x - \sqrt{3 + x}$　　　　($f(x) = -1$)

10 2次方程式の判別式

2次方程式の判別式

2次方程式 $ax^2 + bx + c = 0$ の判別式とは $b^2 - 4ac$ のことで，D で表す．

$$D = b^2 - 4ac$$

判別式による解の判定　（判別式を D とする）

2次方程式 $ax^2 + bx + c = 0$ は

$D > 0$ のとき，　異なる2個の実数解をもつ

$D = 0$ のとき，　2重解をもつ

$D < 0$ のとき，　実数解をもたない (虚数解)

解と係数の関係

2次方程式 $ax^2 + bx + c = 0$ の2つの解を α, β とすると

$$\alpha + \beta = \frac{-b}{a}, \qquad \alpha\beta = \frac{c}{a}$$

与えられた数を解とする2次方程式

α, β を解とする x に関する2次方程式は

$$x^2 - (\alpha + \beta)x + \alpha\beta = 0$$

練習問題

練習 10.1　次の x についての2次方程式の解が，異なる2実数解，重解，実数解をもたない，のいずれであるか判定しなさい．

(1)　$x^2 - 12x + 36 = 0$　　　　(2)　$x^2 + \sqrt{2}x + 2 = 0$

(3)　$3x^2 = 5x - 5$　　　　(4)　$2x^2 - 4x = 5$

(5)　$4x^2 + x = 2x^2 - 3x - 3$　　(6)　$x^2 - (a+2)x = 1 - 2a$

練習 10.2　以下の各長方形の縦，横の辺の長さを求めなさい．

(1)　面積が20であり，周の長さが18である長方形

(2)　面積が15であり，周の長さが18である長方形

(3) 面積が 5 であり，周の長さが 10 である長方形

(4) 面積が 12 であり，縦の長さが横の長さよりも 1 短い長方形

(5) 面積が 23 であり，対角線の長さが $3\sqrt{6}$ である長方形

練習 10.3 次の方程式の 2 つの解を α, β とする．$\alpha + \beta$ と $\alpha\beta$ を求めなさい．

(1) $x^2 - 2x + 1 = 0$ 　　　(2) $x^2 + 5x - 1 = 0$

(3) $x^2 - 13 = 0$ 　　　(4) $2x^2 - 3x - 6 = 0$

(5) $x^2 + 1 = 2x + 6$ 　　　(6) $x : 1 = 1 : (x - 1)$

練習 10.4 次の解をもつ 2 次方程式を求めなさい．

(1) 1, 2 　　　(2) 0, -5

(3) $\dfrac{1}{3}, \dfrac{5}{2}$ 　　　(4) $1 + \sqrt{3}, 1 - \sqrt{3}$

(5) 0 を重解とする 　　　(6) $\sqrt{5}, \sqrt{2}$

(7) 3 を重解とする 　　　(8) $-1 + \sqrt{2}$ を重解とする

練習 10.5 2 次方程式の $3x^2 + 2x - 3 = 0$ の 2 つの解を α, β とするとき，次の値を解とする 2 次方程式を求めなさい．

(1) $-\alpha, -\beta$ 　　　(2) $2\alpha, 2\beta$

(3) $\alpha + 1, \beta + 1$ 　　　(4) $3\alpha - 1, 3\beta - 1$

(5) α^2, β^2 　　　(6) $\alpha + \beta, \alpha\beta$

練習 10.6 2 次方程式の $x^2 + 3x - 5 = 0$ の 2 つの解を α, β とするとき，次の値を求めなさい．

(1) $5\alpha - 3\alpha\beta + 5\beta$ 　　　(2) $\alpha^2 + 2\alpha\beta + \beta^2$

(3) $\alpha^2 + \beta^2$ 　　　(4) $(\alpha - \beta)^2$

(5) $\alpha^3 + \beta^3$ 　　　(6) $\alpha^2\beta + \alpha\beta^2$

(7) $\dfrac{\alpha}{\beta} + \dfrac{\beta}{\alpha}$ 　　　(8) $\dfrac{1}{\dfrac{1}{\alpha^2} + \dfrac{1}{\beta^2}}$

11 連立方程式

連立方程式

2 種類以上の未知数を含む複数個の方程式を**連立方程式**といい, そのすべての方程式を満たす未知数を求めることを**連立方程式を解く**という.

連立 1 次方程式の解については, 次のいずれかになる

$$\left\{ \begin{array}{l} \text{解の組がただ 1 組として求まる} \\ \text{解の組が無数に多く出てくる (不定)} \\ \text{解の組が存在しない (不能)} \end{array} \right.$$

代入法による解法

1 つの式からある未知数を他の未知数で表し, それを他式に代入することにより解く.

$$\left\{ \begin{array}{l} P(x,y) = 0 \\ Q(x,y) = 0 \end{array} \right. \implies \left\{ \begin{array}{l} y = R(x) \\ Q(x,y) = 0 \end{array} \right. \implies \left\{ \begin{array}{l} y = R(x) \\ Q(x, R(x)) = 0 \end{array} \right.$$

連立方程式の式変形 (加減法)

次の式変形を利用し解く (変形前と変形後での式の個数は変わらない).

$$\left\{ \begin{array}{l} P(x,y) = 0 \\ Q(x,y) = 0 \end{array} \right. \implies \left\{ \begin{array}{l} P(x,y) = 0 \\ Q(x,y) + k \times P(x,y) = 0 \end{array} \right.$$

━━━━━━ 練習問題 ━━━━━━

練習 11.1 次の連立方程式を解きなさい.

(1) $\left\{ \begin{array}{rcl} x + y & = & 5 \\ x - y & = & 1 \end{array} \right.$
(2) $\left\{ \begin{array}{rcl} x + y & = & -3 \\ 2x - 2y & = & 2 \end{array} \right.$

(3) $\left\{ \begin{array}{rcl} x + y & = & 2 \\ 2x - 3y & = & 1 \end{array} \right.$
(4) $\left\{ \begin{array}{rcl} 3x + 2y & = & 3 \\ x - 4y & = & 5 \end{array} \right.$

$$(5) \quad \begin{cases} x - y & = & 3 \\ y - z & = & -2 \\ x + z & = & 5 \end{cases} \qquad (6) \quad \begin{cases} x + y + z & = & 10 \\ 3x + 2y - 2z & = & 2 \\ 5x - y - 2z & = & -3 \end{cases}$$

練習 11.2　次の x に関しての恒等式について，定数 A, B を求めなさい.

(1)　$2x - 1 = Ax + B$　　　　　(2)　$Ax - 3 = 5x + B$

(3)　$Ax^2 + Bx + C = 3x^2 + 5x$　(4)　$Ax^2 + Bx + C = 0$

(5)　$Ax^2 + 5x - 1 = (x-1)^2 + B(x-1) + C$

(6)　$x^2 = A(x+1)^2 + B(x+1) + C$

(7)　$3x^2 - 4x + 2 = A(x-2)^2 + B(x-2) + C$

(8)　$\dfrac{Ax^2 + 3x + C}{x+2} = 3x + B - \dfrac{5}{x+2}$

練習 11.3　次の x に関しての恒等式について，定数 A, B を求めなさい.

(1)　$\dfrac{A}{x+2} + \dfrac{B}{x+3} = \dfrac{1}{(x+2)(x+3)}$

(2)　$\dfrac{A}{x} + \dfrac{B}{x+1} = \dfrac{3x+1}{x(x+1)}$　　(3)　$\dfrac{x-1}{x(x+1)} = \dfrac{A}{x} + \dfrac{B}{x+1}$

(4)　$\dfrac{1}{(x-3)(x+4)} = \dfrac{A}{x-3} + \dfrac{B}{x+4}$

(5)　$\dfrac{4x+1}{x^2 - 6x + 5} = \dfrac{A}{x-5} + \dfrac{B}{x-1}$

練習 11.4　(前問中にあるように分数式を，より次数の低い分母をもつ分数式で表すことを**部分分数に展開する**という) 次の各分数を部分分数に展開しなさい.

(1)　$\dfrac{1}{(x-1)(x+1)}$　　(2)　$\dfrac{1}{(x-2)(x+3)}$　　(3)　$\dfrac{3x-1}{x(x+2)}$

(4)　$\dfrac{2x}{(x+2)(x+3)}$　　(5)　$\dfrac{1}{x^2 - 3x - 4}$　　(6)　$\dfrac{x+1}{x^2 - 9}$

12　数列, 級数

数列

順に並べられた数 $a_1, a_2, a_3, a_4, \ldots$ を**数列**と呼ぶ. $a_1, a_2, a_3, a_4, \ldots, a_n$ をすべて加え合わせたものを

$$a_1 + a_2 + a_3 + a_4 + \cdots + a_n = \sum_{k=1}^{n} a_k$$

と総和記号 $\left(\sum\right)$ を用いて表す.

総和の性質

$$\sum_{k=1}^{n} a_k + \sum_{k=1}^{n} b_k = \sum_{k=1}^{n} (a_k + b_k), \quad \sum_{k=1}^{n} (c \times a_k) = c \times \sum_{k=1}^{n} a_k$$

ただし, c は k に無関係な定数.

等差数列

数列 $a, a+d, a+2d, a+3d, \cdots$ を**初項** a, **公差** d の等差数列といい, **一般項** a_n は $a_n = a + (n-1)d$ と表される.

$$\sum_{k=1}^{n} a_k = \sum_{k=1}^{n} \{a + (k-1)d\} = \frac{(a_1 + a_n) \times n}{2} = \frac{\{2a + (n-1)d\} \times n}{2}$$

等比数列

数列 $a, ar, ar^2, ar^3, \cdots$ を**初項** a, **公比** r の等比数列といい, **一般項** a_n は $a_n = ar^{n-1}$ と表される.

$$\sum_{k=1}^{n} a_k = \sum_{k=1}^{n} \left(ar^{k-1}\right) = a \times \frac{1 - r^n}{1 - r}$$

主な数列の和

$$\sum_{k=1}^{n} k = \frac{n(n+1)}{2}, \qquad \sum_{k=1}^{n} k^2 = \frac{n(n+1)(2n+1)}{6}, \qquad \sum_{k=1}^{n} k^3 = \frac{n^2(n+1)^2}{4}$$

──────────── 練習問題 ────────────

練習 12.1　次の数列はどのような規則で定められているか述べなさい. また第 n 項 a_n を n を用いた式で表しなさい.

(1) 1, 3, 5, 7, 9, 11, $\cdots$ (2) 4, 6, 8, 10, 12, 14, $\cdots$

(3) 1, 5, 9, 13, 17, 21, $\cdots$ (4) 2, 4, 8, 16, 32, 64. $\cdots$

(5) 90, 87, 84, 81, 78, 75, $\cdots$ (6) $\dfrac{1}{2}, \dfrac{1}{4}, \dfrac{1}{8}, \dfrac{1}{16}, \dfrac{1}{32}, \cdots$

練習 12.2 次を総和記号（$\sum$）を用いずに表示しなさい.

(1) $\displaystyle\sum_{k=1}^{10} k$ (2) $\displaystyle\sum_{k=3}^{8} k$ (3) $\displaystyle\sum_{k=1}^{10} k^2$

(4) $\displaystyle\sum_{k=2}^{9} k^2$ (5) $\displaystyle\sum_{k=1}^{10} (2k)$ (6) $\displaystyle\sum_{k=0}^{9} (k+3)$

(7) $\displaystyle\sum_{k=2}^{9} (3k-1)$ (8) $\displaystyle\sum_{k=4}^{11} (11-k)$ (9) $\displaystyle\sum_{k=1}^{5} (k^2-k+1)$

練習 12.3 次の和を総和記号（$\sum$）を用いて表示しなさい.

(1) $1+2+3+4+5+\cdots+99+100$

(2) $3+4+5+6+7+\cdots+54+55+56$

(3) $2+4+6+8+10+\cdots+18+20$

(4) $1+3+5+7+9+\cdots+29+31$

(5) $1^3+3^3+5^3+7^3+9^3+\cdots+15^3+17^3$

(6) $a_1+a_2+a_3+a_4+a_5+\cdots+a_{49}+a_{50}$

(7) $b_4+b_5+b_6+b_7+b_8+\cdots+b_{15}+b_{16}$

(8) $c_2+c_4+c_6+c_8+c_{10}+\cdots+c_{18}+c_{20}$

(9) $1+2+4+8+16+\cdots+1024+2048$

(10) $2+3+5+9+17+\cdots+1025+2049$

練習 12.4 次の式を計算しなさい.

(1) $\displaystyle\sum_{k=1}^{200} k$ (2) $\displaystyle\sum_{k=1}^{150} k$ (3) $\displaystyle\sum_{k=151}^{200} k$ (4) $\displaystyle\sum_{k=50}^{75} k$

(5) $\displaystyle\sum_{k=1}^{20} k^2$　　　(6) $\displaystyle\sum_{k=1}^{30} k^2$　　　(7) $\displaystyle\sum_{k=21}^{30} k^2$　　　(8) $\displaystyle\sum_{k=10}^{20} k^2$

(9) $\displaystyle\sum_{k=1}^{10} k^3$　　　(10) $\displaystyle\sum_{k=5}^{10} k^3$　　　(11) $\displaystyle\sum_{k=11}^{30} k^3$

練習 12.5　次の数列の初項から第 5 項までを書き上げなさい. また第 n 項 a_n を n を用いた式として表しなさい.

(1)　初項 1, 公差 1 の等差数列　　(2)　初項 3, 公差 -2 の等差数列

(3)　初項 -50, 公差 3 の等差数列　(4)　初項 3, 公比 2 の等比数列

(5)　初項 1, 公比 -1 の等比数列　(6)　初項 10, 公比 $\dfrac{1}{2}$ の等比数列

練習 12.6　次の総和を求めなさい.

(1)　初項 1, 公差 1 の等差数列の最初から第 100 項までの和

(2)　初項 1, 公差 2 の等差数列の最初から第 20 項までの和

(3)　初項 30, 公差 2 の等差数列の最初から第 15 項までの和

(4)　初項 100, 公差 -3 の等差数列の最初から第 20 項までの和

(5)　初項 1, 公比 2 の等比数列の最初から第 10 項までの和

(6)　初項 24, 公比 $\dfrac{1}{2}$ の等比数列の最初から第 10 項までの和

練習 12.7　次がいくらになるか求めなさい.

(1)　$1 + 6 + 11 + 16 + 21 + \cdots + 56 + 61$

(2)　$2 + 5 + 8 + 11 + 14 + 17 + \cdots + 32 + 35 + 38$

(3)　$1 - \dfrac{1}{2} + \dfrac{1}{4} - \dfrac{1}{8} + \dfrac{1}{16} + \cdots \dfrac{1}{1024}$

(4)　$\displaystyle\sum_{k=1}^{50} (2k)$　　　(5)　$\displaystyle\sum_{k=1}^{40} (2k-1)$　　　(6)　$\displaystyle\sum_{k=1}^{n} (2k-1)$

(7)　$\displaystyle\sum_{k=1}^{n} (2k+5)$　　　(8)　$\displaystyle\sum_{k=1}^{n} (-3k+1)$　　　(9)　$\displaystyle\sum_{k=1}^{20} (k^2-k+1)$

演習 18 次のなかで，恒等式をすべてあげなさい.

(1) $(x+2)^2 - (x+1)^2 = 2x+3$

(2) $(x+1)^2 - (x-1)^2 = 2x+2$

(3) $\dfrac{5+x}{5x} = \dfrac{1+x}{x}$ 　　　　 (4) $\dfrac{1}{x(x-1)} - \dfrac{1}{x-1} + \dfrac{1}{x} = 0$

(5) $\dfrac{1}{x} - \dfrac{1}{x+1} + \dfrac{1}{3} = 0$ 　　 (6) $\dfrac{3}{x^2+5} = \dfrac{3}{x^2} + \dfrac{3}{5}$

演習 19 次の方程式を解きなさい.

(1) $\dfrac{x}{3} - \dfrac{x}{2} + 1 = 0$ 　　　　 (2) $3(x-4) = 7(3+x)$

(3) $2x + 6 - 3(x-4) = 0$ 　　 (4) $5x + 3 = -5(1-x) - 2$

(5) $\dfrac{x}{2} - \dfrac{x-1}{3} + \dfrac{x-2}{4} = 1$ 　 (6) $\dfrac{3x-1}{x+2} = \dfrac{3x+4}{x-3}$

(7) $(x-3)^2 = 5$ 　　　　　　 (8) $(5x-2):(x+1) = 3:5$

(9) $x^2 + 6x + 1 = 0$ 　　　 (10) $(x^2+3):(x-1) = 6:1$

(11) $(x-1)(x+2) = 1$ 　　 (12) $(x-3)(x+1) = -2x$

(13) $x(x-1) = 3x + 1$ 　　 (14) $\sqrt{x^2+1} = 2x - 1$

(15) $\sqrt{x} + \sqrt{x+1} = 2$ 　 (16) $\sqrt{2x-3} = \sqrt{9-x}$

(17) $x + 3 = \sqrt{3x+7}$ 　　 (18) $3 - x = \sqrt{15-7x}$

(19) $\dfrac{2}{x-2} = \dfrac{1}{x+1}$ 　　 (20) $\dfrac{x}{2x+1} = \dfrac{1}{x-1}$

演習 20 次の方程式の 2 解を α, β とするとき，与えられた数を 2 解とする 2 次方程式を求めなさい.

(1) $x^2 = 3x + 7$ 　　　　　　 $(\ 2\alpha - 1\ ,\ 2\beta - 1\ )$

(2) $t^2 + \sqrt{2}t - 1 = 0$ 　　　 $(\ \alpha + \beta\ ,\ \alpha\beta\ )$

(3) $3x^2 + 5x = 1$ 　　　　　 $(\ \alpha^2\ ,\ \beta^2\ )$

演習 21 次の連立方程式を解きなさい.

(1) $\begin{cases} x - 2y = -1 \\ 3x - 7y = 5 \end{cases}$ 　　 (2) $\begin{cases} 4x + 3y = -1 \\ 5x + 4y = 1 \end{cases}$

(3) $xy - 2 = yz + 24 = xz + 3 = 0$

(4) $\begin{cases} x + y & = 5 \\ y + z & = 6 \\ x \phantom{{}+y} + z & = 7 \end{cases}$ (5) $\begin{cases} x + y - z & = 1 \\ x - y + z & = 2 \\ 2x + y + 2z & = 1 \end{cases}$

演習 22　次の各分数を部分分数に展開しなさい.

(1) $\dfrac{x + 1}{(x + 2)(x + 3)}$　　(2) $\dfrac{2x + 6}{x^2 - 4}$　　(3) $\dfrac{6}{x^2 + 4x - 5}$

(4) $\dfrac{2x - 1}{x^2 + x - 6}$　　(5) $\dfrac{x^2 + x + 1}{x^3 + x}$　　(6) $\dfrac{x^2 + 1}{x - 1}$

演習 23　次の関数が, 与えられた関数値となるときの変数値を求めなさい.

(1) $f(x) = x^2 + 2x + 3$　　　　$(\ f(x) = 2\ )$

(2) $f(t) = \dfrac{t - 3}{2t + 1}$　　　　　$(\ f(t) = -1\ )$

(3) $g(t) = t - \sqrt{3 - t}$　　　$(\ g(t) = 3\ )$

(4) $g(x) = x + \dfrac{1}{x - 1}$　　　$(\ g(x) = -2\ )$

(5) $g(t) = \dfrac{t}{\sqrt{t^2 + 1}}$　　　$\left(\ g(t) = \dfrac{1}{2}\ \right)$

(6) $f(x) = x\sqrt{x^2 + 1}$　　　$(\ f(x) = \sqrt{6}\ )$

(7) $F(t) = \dfrac{1}{t - 1} + \dfrac{1}{t - 3}$　　$\left(\ F(t) = -\dfrac{1}{3}\ \right)$

演習 24　次の数列の総和を求めなさい.

(1) 初項 5, 公差 $\dfrac{3}{2}$ の等差数列の第 20 項から第 50 項までの和

(2) 初項 10, 公比 $-\dfrac{1}{2}$ の等比数列の最初から第 20 項までの和

演習 25　次がいくらになるか求めなさい.

(1) $\displaystyle\sum_{k=1}^{15} (k^2 + k)$　　(2) $\displaystyle\sum_{k=1}^{n} (k^2 + k)$　　(3) $\displaystyle\sum_{k=1}^{n} (2k^2 - 3k + 2)$

13 関数とグラフ

グラフ 関数 $y = f(x)$ に対して，この式をみたすすべての点 (x, y) を座標平面上にとったものを，その関数の**グラフ**という.

グラフの平行移動 関数 $y = f(x)$ のグラフを x 軸方向に $+p$，y 軸方向に $+q$ だけ平行移動したグラフは $y - q = f(x - p)$ で表される.

いろいろな変換 関数 $y = f(x)$ のグラフに以下の変換を適用すると，新しいグラフは次の関数で表される.

x 軸に関して対称移動させると $\quad -y = f(x) \quad$ （つまり $y = -f(x)$）

y 軸に関して対称移動させると $\quad y = f(-x)$

原点に関して対称移動させると $\quad -y = f(-x) \quad$ （つまり $y = -f(-x)$）

$y = f(x)$ の逆関数のグラフは $\quad x = f(y) \quad$ （定義域に注意）

1 次関数のグラフ

関数 $y = ax$ のグラフは， $\qquad$ 原点を通る，傾き a の直線.

関数 $y = ax + b$ のグラフは， $\qquad$ 点 $(0, b)$ を通る，傾き a の直線.

関数 $y - q = a(x - p)$ のグラフは， $\quad$ 点 (p, q) を通る，傾き a の直線.

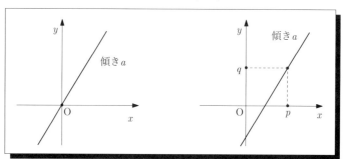

───────────── 練習問題 ─────────────

練習 13.1 次の式で表されるグラフの概形を描きなさい.

(1) $y = 2x$ $\qquad$ (2) $y = -5x$ $\qquad$ (3) $y = 2x - 6$

(4) $y = -5x + 1$ $\qquad$ (5) $y = -2$ $\qquad$ (6) $x = 4$

練習 13.2 直線 $y = 3x - 2$ に次の変換を行ったグラフを表す式を求めなさい.

(1) x 軸方向に $+5$ だけ平行移動　(2) y 軸方向に $+4$ だけ平行移動

(3) x 軸に関して対称に移動　　　(4) y 軸に関して対称に移動

(5) x 軸方向に -2 だけ平行移動したのち, y 軸方向に $+1$ だけ平行移動

練習 13.3 次の式で表されるグラフの概形を描きなさい.

(1) $y = 3(x - 2)$　　　　(2) $y = 2(x + 5)$　　　　(3) $y - 1 = -2(x - 1)$

(4) $y - 3 = \dfrac{1}{3}(x + 3)$　(5) $x + y = 1$　　　　(6) $2x + 5y = -2$

練習 13.4 平面上の点 $(1, 2)$ を通り, 傾き 3 の直線を L_1 とし, 2 点 $(1, 1)$, $(3, -2)$ を通る直線を L_2 とする.

(1) L_1 を表す式を求めなさい.

(2) L_2 を表す式を求めなさい.

(3) この 2 本の直線の交わる点の座標を求めなさい.

練習 13.5 次の 2 直線の交点を求めなさい.

(1) $y = 3x + 5$　　,　　　　　$y = -2x + 1$

(2) $2x + 3y = 1$　　,　　　　　$y - x + 1 = 0$

練習 13.6 次の関係式で表される平面上のグラフを描きなさい.

(1) $x \leqq 1$ のとき $y = 2x$, $1 \leqq x$ のとき $y = x + 1$ と表される関数

(2) $y = \begin{cases} 2x + 9 & (x \leqq -3 \text{ のとき}) \\ -\dfrac{x}{3} + 2 & (-3 < x \leqq 2 \text{ のとき}) \\ \dfrac{4}{3} & (2 < x \text{ のとき}) \end{cases}$

(3) $x \leqq 0$ のとき $y = x$, $0 \leqq x$ のとき $y = -x$ と表される関数

（この関数は $y = |x|$ と表される. $|A|$ は A の**絶対値**と呼ぶ）

(4) $y = |-x|$　　　　　　　　(5) $y = |x - 3|$

14 2次関数のグラフ

放物線 関数 $y = ax^2$ は，原点が**頂点**で，直線 $x = 0$ が**軸**である**放物線**となる．($a > 0$ のとき，下に凸．$a < 0$ のとき，上に凸．)

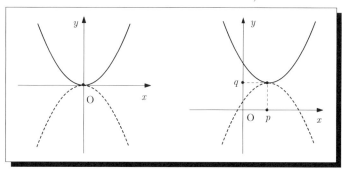

2次関数のグラフ 2次関数 $y - q = a(x - p)^2$ のグラフは，点 (p, q) が**頂点**で，直線 $x = p$ が**軸**である放物線となる．($a > 0$ のとき，下に凸．$a < 0$ のとき，上に凸．)

━━━━━━━━━ 練習問題 ━━━━━━━━━

練習 14.1 次の関数のグラフの概形を描きなさい．

(1) $y = x^2$　　　　(2) $y = (x - 3)^2$　　　　(3) $y = x^2 - 4$

練習 14.2 放物線 $y = 2x^2$ に次の変換を行ったグラフを表す式を求めなさい．

(1) x 軸方向に $+1$ だけ平行移動 (2) y 軸方向に -3 だけ平行移動

(3) x 軸方向に -3 だけ平行移動したのち，y 軸方向に $+2$ だけ平行移動

(4) x 軸に関して対称に移動したのち，x 軸方向に $+2$ だけ平行移動

練習 14.3 次の関数のグラフの概形を描きなさい．

(1) $y = \frac{1}{2}(x - 3)^2$　　　　(2) $y + 4 = \frac{1}{2}x^2$

(3) $y - 2 = \frac{1}{2}(x - 3)^2$　　　　(4) $y = -3(x + 1)^2$

練習 **14.4**　次の 2 次関数のグラフの頂点の座標を求めなさい.

(1)　$y = x^2 + 2x + 2$　　　　　　(2)　$y = 3x^2 - 6x$

(3)　$y = (x-1)(x+5)$　　　　　(4)　$y = (x-2)^2 + (x+1)^2$

練習 **14.5**　放物線 $y = -x^2 + x$ に次の変換を行ったグラフを表す式を求めなさい.

(1)　x 軸に関して対称に移動

(2)　y 軸に関して対称に移動

(3)　y 軸方向に -1 だけ平行移動し, さらに x 軸方向に $+5$ だけ平行移動

(4)　x 軸に関して対称に移動したのち, x 軸方向に -3 だけ平行移動

練習 **14.6**　次の式で表されるグラフの概形を描きなさい.

(1)　$y = x^2 + 2x + 1$　　(2)　$y = x^2 - 4x + 7$　　(3)　$y = -x^2 + 6x - 2$

(4)　$y = -3x^2 + 6x - 2$ (5)　$2y + x^2 = 1$　　　　(6)　$y - 2x = x^2$

練習 **14.7**　次のグラフと座標軸 (x 軸, y 軸) との交点を求めなさい.

(1)　$y = 5x^2 - 1$　　　　　　(2)　$y = -x^2 + 2x$

(3)　$y = x^2 - 4x - 5$　　　　(4)　$y = x^2 + 2x - 1$

練習 **14.8**　グラフが次をみたす 2 次関数 $y = f(x)$ を求めなさい.

(1)　頂点が $(2,1)$ であり, 点 $(4,9)$ を通る

(2)　点 $(1,0)$, $(4,0)$ を通り, y 軸との交点の y 座標が -12

(3)　3 点 $(0,-2)$, $(1,1)$, $(-1,5)$ を通る

練習 **14.9**　次をみたす 2 次関数 $y = f(x)$ を求めなさい.

(1)　方程式 $f(x) = 0$ が重解 $x = 1$ をもち, グラフが点 $(2,3)$ を通る

(2)　方程式 $f(x) = 0$ の 2 解が $x = 1, 3$ であり, グラフの頂点の y 座標が 4

15　円・だ円

ピタゴラスの定理 (三平方の定理)

　直角三角形の斜辺の長さを r, 他の2辺の長さを p, q とすると

$$p^2 + q^2 = r^2$$

平面上で原点と点 (p, q) との**距離**を r とすると

$r = \sqrt{p^2 + q^2}$

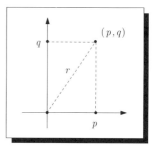

円　平面上で, 原点を中心とする半径 r (ただし, $r > 0$) の円周上の点 (x, y) は, 関係式

$$x^2 + y^2 = r^2$$

をみたす. 点 (p, q) を中心とし半径 r の円は関係式

$$(x - p)^2 + (y - q)^2 = r^2$$

をみたし, これらの関係式を**円の方程式**と呼ぶ.

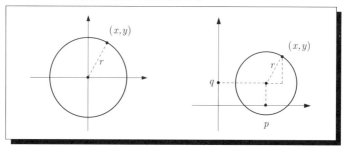

円と直線

　直線 $y = ax + b$ と円 $x^2 + y^2 = r^2$ の交点は, 連立方程式 $(*) \begin{cases} y = ax + b \\ x^2 + y^2 = r^2 \end{cases}$

を解くことにより求まり

$\begin{cases} \text{(1)}　\text{異なる2点で交わる} & \Longleftrightarrow & (*) \text{ が } x \text{ の異なる2実数解をもつ} \\ \text{(2)}　\text{ただ1点のみを共有する} & \Longleftrightarrow & (*) \text{ が } x \text{ の重解をもつ} \\ \text{(3)}　\text{点を共有しない} & \Longleftrightarrow & (*) \text{ が } x \text{ の実数解をもたない} \end{cases}$

の関係がある．(2) の場合，直線が円に**接する**といい，この直線を**接線**という．

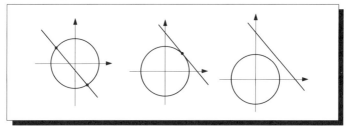

だ円（楕円）

円を座標軸方向の拡大・縮小によって変形した図形を**だ円**という．

原点を中心とするだ円は，方程式

$$\frac{x^2}{p^2} + \frac{y^2}{q^2} = 1$$

によって表される．

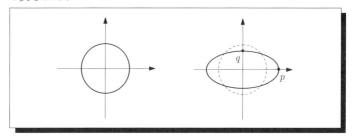

───────── 練習問題 ─────────

練習 15.1 次の円の方程式を求めなさい．

(1) 点 $(-1, -2)$ を中心とし，半径 $\sqrt{2}$ の円

(2) 原点を中心とし，点 $(3, 0)$ を通る円

(3) 原点を中心とし，点 $(1, 2)$ を通る円

(4) 点 $(-3, 1)$ を中心とし，原点を通る円

(5) 点 $(-1, 2)$ を中心とし，点 $(5, 0)$ を通る円

(6) x 軸上に中心があり，原点と点 $(6, 0)$ を通る円

練習 15.2 次の方程式はどのような円を表しているか調べなさい．

(1)　$x^2 - 2x + 1 + y^2 = 4$

(2)　$x^2 + 2x + 1 + y^2 - 2y + 1 = 9$

(3)　$x^2 - 6x + y^2 - 2y + 6 = 0$

(4)　$x^2 + 4x + y^2 - 6y = 14$

(5)　$x^2 + y^2 + 8x - 3y + 12 = 0$

練習 15.3　次の円上の点の座標を求めなさい.

(1)　円 $x^2 + y^2 = 9$ 上の x 座標が 1 となる点

(2)　円 $x^2 + y^2 = 1$ 上の x 座標が $-\dfrac{1}{\sqrt{2}}$ となる点

(3)　円 $x^2 + y^2 = 2$ 上の y 座標が 1 となる点

(4)　円 $x^2 + y^2 = 4$ 上の y 座標が $-\dfrac{1}{2}$ となる点

(5)　円 $(x - 1)^2 + (y - 1)^2 = 1$ 上の x 座標が $\dfrac{3}{2}$ となる点

(6)　円 $x^2 - 4x + y^2 + 6y + 9 = 0$ 上の x 座標が 3 となる点

(7)　円 $x^2 - 2\sqrt{3}x + y^2 + 2y + 2 = 0$ 上の y 座標が $\sqrt{2} - 1$ となる点

練習 15.4　次の 2 つの図形の交点を調べなさい.

(1)　円 $x^2 + y^2 = 1$ と, 直線 $y = -x$

(2)　円 $x^2 + y^2 = 1$ と, 直線 $y = \dfrac{1}{2}$

(3)　円 $x^2 + y^2 = 4$ と, 直線 $x = \dfrac{3}{2}$

(4)　円 $x^2 + y^2 = 2$ と, 直線 $x + y = 2$

(5)　円 $x^2 + y^2 = 3$ と, 直線 $y = x + 3$

(6)　原点中心, 半径 2 の円と, 直線 $y = 2x$

(7)　中心 $(1, 2)$, 半径 $\sqrt{5}$ の円と, 直線 $y = 3x$

(8)　だ円 $\dfrac{x^2}{2^2} + \dfrac{y^2}{3^2} = 1$ と, 直線 $y = x$

(9)　だ円 $\dfrac{x^2}{3^2} + \dfrac{y^2}{4^2} = 1$ と, 直線 $y = \dfrac{1}{2}$

演習 26 次の 2 つのグラフの交点を求めなさい.

(1)　$x + y = 1$　,　　　　　　　$y = 2x - 5$

(2)　$-3x + 2y - 2 = 0$　　,　　　$x - 3y + 1 = 0$

(3)　$y = |x|$　,　　　　　　　$y = 2x + 1$

(4)　$y = |x - 1|$　,　　　　　$y = 4$

演習 27　次の関係式で表される平面上のグラフを描きなさい.

(1)　$x \leqq 3$ のとき $x + y = 1$, $3 \leqq x$ のとき $2x - y = 8$ と表される関数

(2)　$y = |x| + 5$　　　　(3)　$y = |x - 2| + 3$

演習 28　次の 2 次関数のグラフの頂点の座標を求めなさい.

(1)　$y = x^2 - 4x + 5$　　　(2)　$y = 4x^2 + x - 3$

(3)　$y = 2(x + 1)(x + 5) - 4x$　(4)　$y = -3(x + 3)(x + 4)$

演習 29　次のグラフを表す式を求めなさい.

(1)　y 切片が -6, 傾き 2 の直線

(2)　2 点 $\left(3, \dfrac{2}{5}\right)$, $(-1, 4)$ を通る直線

(3)　直線 $y = \dfrac{x}{4}$ と平行で, 点 $\left(-\dfrac{1}{2}, \dfrac{4}{3}\right)$ を通る直線

(4)　放物線 $y = -\dfrac{x^2}{3}$ を x 軸方向に 2 だけ平行移動したのち, y 軸に関して対称に移動して得られるグラフ

(5)　頂点 $(-3, 1)$ で, 放物線 $y = 3x^2$ を平行移動して得られる放物線

(6)　3 点 $(-1, -2)$, $\left(-\dfrac{1}{3}, \dfrac{4}{9}\right)$, $\left(\dfrac{1}{2}, 1\right)$ を通る放物線

(7)　図形 $y = (x - 1)^2 - 4x + 7$ を y 軸方向に -1 だけ平行移動したのち, x 軸方向に 5 だけ平行移動し, さらに x 軸に関して対称に移動して得られるグラフ

(8)　中心 $(2, -\sqrt{5})$ で半径 $\sqrt{3}$ の円

(9)　円 $x^2 + y^2 = 5$ を平行移動して, 原点を通るようにした図形

(10) 円 $x^2 + y^2 = 1$ を x 軸方向に $\dfrac{1}{4}$ 倍の相似縮小して得られる図形

演習 30 次の 2 つのグラフの交点があるなら，それを求めなさい．

(1) $y = x^2$ ， $y = 2x + 3$

(2) $y = x^2 - 2x + 4$ ， $y = 2x$

(3) $y = x^2 - 4x + 5$ ， $y = x - 1$

(4) $y = x^2 - 4x + 5$ ， $y = x - 2$

(5) $y = x^2 - 6x + 10$ ， $y = 0$

(6) $y = x^2 + 6x + 5$ ， $y = -3$

演習 31 グラフが次をみたす 2 次関数 $y = f(x)$ を求めなさい．

(1) 軸が直線 $x = -3$ であり，y 軸との交点が $(0, 5)$，x 軸との交点が $(-1, 0)$

(2) 点 $(2, 0)$，$(-4, 0)$ を通り，頂点の y 座標が -21

(3) 3 点 $(1, -1)$，$(-1, 3)$，$(-2, -1)$ を通る

演習 32 次をみたす 2 次関数 $y = f(x)$ を求めなさい．

(1) 方程式 $f(x) = 2$ の 2 解が $x = -1, 2$ であり，グラフ $y = f(x)$ は グラフ $y = x^2$ を平行移動して得られる

(2) 方程式 $f(x) = -3$ の 2 解が $x = -2, 5$ であり，方程式 $f(x) = 1$ が重解をもつ

演習 33 次のグラフが通る点のうち，与えられた x 座標または y 座標をもつ点を求めなさい．

(1) 直線 $x + 2y = -5$ $\left(y = -\dfrac{2}{3} \right)$

(2) 放物線 $y = 9x^2 - 6x + 9$ $(\, y = 18 \,)$

(3) 円 $(x - 3)^2 + (y + 1)^2 = 4$ $(\, x = 4 \,)$

(4) $y - |2x + 1|$ で表される図形 $(\, y = 5 \,)$

(5) 点 $\left(\dfrac{1}{2}, 3 \right)$ を通り，傾き $-\dfrac{4}{5}$ の直線 $(\, y = -2 \,)$

(6) 頂点 $(2, -3)$ で，放物線 $y = \dfrac{x^2}{2}$ を平行移動した曲線 　（ $y = 0$ ）

(7) 中心 $(5, 5)$ で半径 5 の円 　　　　　　　　　　　　　　（ $x = 6$ ）

演習 34 次のグラフの座標軸 (x 軸，y 軸) との交点を求めなさい．交点がないなら，その理由を述べなさい．

(1) 点 $(2, -6)$ を通り，x 軸に垂直な直線

(2) 中心 $(2, -3)$ で，半径 $\sqrt{5}$ の円

(3) $y = x^2 + 4x + 3$ で表される曲線

(4) $y = x^2 + x + 1$ で表される曲線

(5) $x^2 + 2x + y^2 - 3y = -3$ で表される曲線

(6) $x^2 + 2x + y^2 - 3y = -1$ で表される曲線

演習 35 次の 2 つのグラフの交点があるなら，それを求めなさい．交点がないなら，その理由を述べなさい．

(1) 直線 $y = 5x - 1$, 　　　　　　　　直線 $x + 2y = 3$

(2) 点 $(1, 3)$ を通る傾き -2 の直線，　直線 $4x + 2y = -7$

(3) 直線 $x + y = 1$, 　　　　　　　　点 $(1, 0)$ が中心で半径 $\sqrt{2}$ の円

(4) 点 $(0, -1)$ が中心で半径 $\sqrt{5}$ の円，放物線 $y = x^2$

(5) 直線 $2x - y = 1$, 　　　　　　　　放物線 $3x^2$

(6) 点 $(-1, -1)$ を通る傾き 4 の直線，放物線 $y = x^2 + 2x + 4$

演習 36 次の関数 $y = f(x)$ を求めなさい．

(1) 原点中心で半径 1 の円周のうち，$y \leqq 0$ である半円がグラフとなる

(2) 方程式 $f(x) = 1$ が解 $x = 3$ をもち，グラフは直線となる

(3) 放物線 $y = x^2 + 4x - 1$, $y = -x^2 + 3x + 5$ の 2 つの交点を通る直線がグラフとなる

(4) 方程式 $f(x) = 1$ の 2 解が $x = -1, 3$ であり，頂点の y 座標が 6 となる放物線をグラフとする

16 指数と指数関数

指数の意味

m が正整数のとき,

$a^m = a \times a \times \cdots \times a$ （m 個の積）

$a^{-m} = \dfrac{1}{a^m}$

$a^{\frac{1}{m}}$ は a の m 乗根 (ただし，m が偶数の時には，$a^{\frac{1}{m}} \geqq 0$ となるように選ぶ)

$a^{\frac{n}{m}} = \underbrace{a^{\frac{1}{m}} \times a^{\frac{1}{m}} \times \cdots \times a^{\frac{1}{m}}}_{n \text{ 個}} = \left(a^{\frac{1}{m}}\right)^n$

指数法則

$$a^0 = 1, \quad a^x \times a^y = a^{x+y}, \quad (a^x)^y = a^{xy}, \quad (ab)^x = a^x b^x$$

累乗根の計算　(いずれも記号として意味のある場合にのみ成り立つ)

$\sqrt[m]{a} = a^{\frac{1}{m}}$ 　　　　　　　　　($\sqrt[2]{a}$ は単に $\sqrt{a}$ 　と書く)

$\sqrt[m]{a} \times \sqrt[m]{b} = \sqrt[m]{ab}$ 　　　　　　$\left(a^{\frac{1}{m}} \times b^{\frac{1}{m}} = (ab)^{\frac{1}{m}}\right)$

$\dfrac{\sqrt[m]{a}}{\sqrt[m]{b}} = \sqrt[m]{\dfrac{a}{b}}$ 　　　　　　　　$\left(\dfrac{a^{\frac{1}{m}}}{b^{\frac{1}{m}}} = \left(\dfrac{a}{b}\right)^{\frac{1}{m}}\right)$

$\sqrt{X^2} = |X|$

指数関数のグラフ　関数 $y = a^x$ $(a > 0,\, a \neq 0)$ のグラフ.

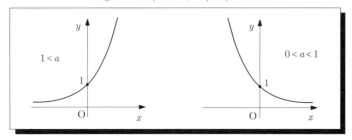

指数関数と多項式関数の比較

$a > 1$ とする．x が正の値でどんどん大きくなるとき ($x \to +\infty$) に，

$\dfrac{a^x}{x^n}$ は　いくらでも大きく増えてゆき $\left(\dfrac{a^x}{x^n} \to +\infty \right)$,

$\dfrac{x^n}{a^x}$ は　限りなく 0 に近づいてゆく $\left(\dfrac{x^n}{a^x} \to 0 \right)$.

———————————————— 練習問題 ————————————————

練習 16.1　次の計算をし，簡単にしなさい.

(1)　$2^3 \times 5^2$　　　　(2)　$(-1)^3 \times 2^3$　　　　(3)　$25^{\frac{1}{2}}$

(4)　$8^{\frac{1}{3}}$　　　　(5)　$4^{\frac{1}{2}} \times 16^{\frac{1}{4}}$　　　　(6)　$8^{-\frac{1}{3}} \times 4^{-2}$

(7)　$8^{-\frac{2}{3}} \div 4^{-\frac{1}{2}}$　　　　(8)　$\sqrt[3]{8} \times \sqrt[4]{16}$　　　　(9)　$(2^{-4})^{1.5}$

(10)　$\dfrac{x^7}{x^2}$　　　　(11)　$\dfrac{A^{-3}}{A^{-5}}$　　　　(12)　$(x^2)^4$

練習 16.2　次の式を a^n の形で表しなさい.

(1)　$a^3 \times a^4$　　　　(2)　$a^2 \div a^{-6}$　　　　(3)　$a^{\frac{3}{4}} \times a^{\frac{5}{4}}$

(4)　$\sqrt[5]{a^3}$　　　　(5)　$\sqrt{a} \times \sqrt[4]{a}$　　　　(6)　$(\sqrt[3]{a}) \times (\sqrt{a})^3$

練習 16.3　次の各式を計算し，$a \times 10^b$ の形で表しなさい. ただし，a の整数部分は 1 桁とすること.

(1)　$(2 \times 10^2) \times (3 \times 10^2)$　　　　(2)　$(8 \times 10^3) \div (4 \times 10^5)$

(3)　$(6 \times 10^5) \times (5 \times 10^{-2})$　　　　(4)　$(3 \times 10^{-2}) \div (6 \times 10^3)$

(5)　$(4 \times 10^3) \div (5 \times 10^{-3})$　　　　(6)　$(9 \times 10^{-5}) \times (3 \times 10^4)^2$

(7)　$(1.2 \times 10^5) \times (8.5 \times 10^9)$　　　　(8)　$(9.9 \times 10^5) \div (0.2 \times 10^3)$

練習 16.4　次の各値を $2^a \times 3^b \times 10^c$ の形に表しなさい.

(1)　8　　　　(2)　72　　　　(3)　360　　　　(4)　5

(5)　25　　　　(6)　$\dfrac{4}{45}$　　　　(7)　0.75　　　　(8)　1.08

練習 16.5　次をみたす最小の自然数 n を電卓を用いて見つけなさい.

(1)　$1.1^n \geqq 2$　　　　　　　　　　(2)　$0.99^n \leqq 0.8$

45

(3)　$\left(\dfrac{1}{2}\right)^n \leqq 0.0005$　　　　　　(4)　$3^n \geqq 1000000$

練習 16.6　次の関数のグラフの概形を描きなさい.

(1)　$y = 2^x$　　　　　　(2)　$y = 3^x$　　　　　　(3)　$y = \left(\dfrac{1}{2}\right)^x$

(4)　$y = 1.5^x$　　　　　(5)　$y = \dfrac{1}{(0.99)^x}$　　　(6)　$y = \dfrac{1}{1.001^x}$

練習 16.7　$y = 3^x$ に次の変換を行ったグラフを表す式を求めなさい.

(1)　x 軸方向に $+3$ だけ平行移動

(2)　y 軸方向に $+2$ だけ平行移動

(3)　x 軸方向に -2 だけ平行移動したのち，y 軸方向に $+1$ だけ平行移動

(4)　y 軸に関して対称に移動

(5)　原点に関して対称に移動

練習 16.8　次の関数のグラフの概形を描きなさい.

(1)　$y = 2^{x+1}$　　　　(2)　$y = -2^x$　　　　(3)　$y = 2^{-x}$

(4)　$y = 10^x$　　　　　(5)　$y = 0.99^x$　　　　(6)　$y = 3^x + 1$

(7)　$y = -10^{-x}$　　　(8)　$y = \dfrac{1}{3^{x-1}}$　　　(9)　$y = 2^{\frac{x}{2}} - 3$

練習 16.9　次の関数のグラフを片対数方眼紙に描きなさい.

(1)　$y = 10^x$　　　　　　　(2)　$y = 10^{2x}$

(3)　$y = 10^{x-1}$　　　　　　(4)　$y = 0.1^x$

練習 16.10　次の方程式を解きなさい.

(1)　$(2^x)^2 = 64$　　　　　　(2)　$(3^x - 1)(3^x - 81)(3^x + 2) = 0$

(3)　$(2^x)^2 - 5 \cdot 2^x + 4 = 0$　　　(4)　$(2^x)^2 - 3 \cdot 2^x - 4 = 0$

(5)　$4^t - 12 \cdot 2^t + 32 = 0$　　　(6)　$4^t - 6 \cdot 2^t - 16 = 0$

(7)　$9^x + 3^{x+1} - 18 = 0$　　　(8)　$9^t - 4 \cdot 3^{t+1} + 27 = 0$

17 対数

対数 $y = a^x$ のとき, $x = \log_a y$ と表し, x は a を底とする y の対数という. 底 a は, $0 < a < 1$ または $1 < a$ である. y は真数といい, $y > 0$ である.

対数の性質 (その 1) (底, 真数に関する条件をみたしているとする)

$$\log_a 1 = 0, \quad \log_a a = 1, \quad \log_a a^x = x, \quad a^{\log_a y} = y$$

対数の性質 (その 2) (底, 真数に関する条件をみたしているとする)

$$\log_a(X \times Y) = \log_a X + \log_a Y \qquad \log_a \frac{X}{Y} = \log_a X - \log_a Y$$

$$\log_a X^n = n \log_a X \qquad \log_a \frac{1}{X} = -\log_a X$$

$$\log_a b = \frac{\log_c b}{\log_c a} \qquad \log_a b = \frac{1}{\log_b a}$$

練習問題

練習 17.1 次の式にある数の関係を対数を用いて表しなさい.

(1) $2^3 = 8$ (2) $5^0 = 1$ (3) $10^3 = 1000$

(4) $2^{-5} = \dfrac{1}{32}$ (5) $10^{-2} = 0.01$ (6) $3^{-3} = \dfrac{1}{27}$

(7) $16^{\frac{1}{2}} = 4$ (8) $10000^{\frac{1}{4}} = 10$ (9) $3^{-\frac{1}{2}} = \dfrac{1}{\sqrt{3}}$

練習 17.2 次の式にある数の関係を指数を用いて表しなさい.

(1) $\log_2 8 = 3$ (2) $\log_{10} 1 = 0$ (3) $\log_3 \dfrac{1}{27} = -3$

(4) $\log_{10} 100000 = 5$ (5) $\log_3 \sqrt{3} = 0.5$ (6) $\log_5 \sqrt{125} = \dfrac{3}{2}$

練習 17.3 次の式の x, y の値を求めなさい.

(1) $y = \log_2 8$ (2) $y = \log_2 1$ (3) $y = \log_{10} 1$

(4) $\log_x 4 = 2$ (5) $\log_x 9 = 2$ (6) $\log_x 5 = 1$

(7) $y = \log_5 25$ (8) $y = \log_3 \dfrac{1}{3}$ (9) $y = \log_2 \dfrac{1}{4}$

(10) $\log_x 7 = 1$ (11) $\log_x \dfrac{1}{5} = -1$ (12) $\log_x 2 = -1$

(13) $y = \log_5 \dfrac{1}{25}$ (14) $y = \log_5 0.2$ (15) $y = \log_{10} 0.1$

(16) $\log_{10} x = -1$ (17) $\log_3 x = \dfrac{3}{2}$ (18) $\log_5 x = -\dfrac{1}{2}$

(19) $y = \log_{10} 0.001$ (20) $y = \log_8 2$ (21) $y = \log_3 \sqrt{3}$

練習 17.4 次の計算をし，できるだけ簡単にしなさい．

(1) $\log_2 8 + \log_2 4$ (2) $\log_3 81 - \log_3 9$

(3) $\log_2 6 + \log_2 \dfrac{8}{3} - \log_2 1$ (4) $\log_3 24 + \log_3 \dfrac{3}{2} + \log_3 \dfrac{9}{4}$

(5) $\log_2 8 + \log_4 8$ (6) $\log_2 24 - \log_4 36$ (7) $\log_3 36 - \log_9 16$

(8) $\log_2 24 - \log_8 27$ (9) $\log_2 5 \cdot \log_5 2$ (10) $\log_2 16^5$

(11) $\log_3 \sqrt{27}$ (12) $3\log_{10} 2 + 2\log_{10} 3 - 2\log_{10} 6$

練習 17.5 $\log_a a^x = x$ は仮定する．

(1) $X = a^p$ とおいて，$\log_a X^n = n\log_a X$ を示しなさい．

(2) $X = a^p, Y = a^q$ とおき，$\log_a \dfrac{X}{Y} = \log_a X - \log_a Y$ を示しなさい．

練習 17.6 次の方程式を解きなさい．

(1) $\log_2 x = 5$ (2) $\log_2(3x + 1) = 4$

(3) $\log_8(x^2 - 1) = 1$ (4) $\log_3(x^2 + 8x) = 2$

(5) $\log_{10} 4 + \log_{10}(x + 21) = 2$ (6) $\log_{10} x + \log_{10}(x + 3) = 1$

練習 17.7 次の関数が与えられた関数値となるときの変数値を求めなさい．

(1) $f(x) = \log_3 x$ ($f(x) = 4$)

(2) $G(t) = \log_5(t^2 + 2t + 10)$ ($G(t) = 2$)

練習 17.8 次の各式を変形することにより，指定された文字を他の文字を用いた式で表しなさい．

(1) $3^A = B$ (A)

(2) $2^{2A+1} = 3^{B+1}$ (B)

(3) $y = \sqrt{3^x + 1}$ (x)

18 対数による計算

対数による分解

$\log_a(b^p \times c^q) = p \log_a b + q \log_a c$ を利用することにより，より単純な真数の対数の和として表すことができる．

常用対数

底が 10 の対数を特に**常用対数**と呼ぶ．

$$10^{n-1} \leqq X < 10^n \text{ のとき } n - 1 \leqq \log_{10} X < n$$

練習問題

練習 18.1 $\log_2 3 = a$ として，次を a を用いて表しなさい．

(1) $\log_2(3^2)$ (2) $\log_2(2 \times 3)$ (3) $\log_2 27$

(4) $\log_2 12$ (5) $\log_2 81$ (6) $\log_2 72$

(7) $\log_2 \dfrac{1}{3}$ (8) $\log_2 \dfrac{2}{3}$ (9) $\log_2 \dfrac{8}{9}$

練習 18.2 $\log_{10} 2 = a$, $\log_{10} 3 = b$ として，次を a, b を用いて表しなさい．

(1) $\log_{10} 4$ (2) $\log_{10} 6$ (3) $\log_{10} 9$

(4) $\log_{10} 12$ (5) $\log_{10} 60$ (6) $\log_{10} \dfrac{2}{3}$

(7) $\log_{10} \dfrac{16}{3}$ (8) $\log_{10} \dfrac{8}{9}$ (9) $\log_{10} \dfrac{9}{8}$

(10) $\log_{10} \dfrac{10}{81}$ (11) $\log_{10} \dfrac{10}{3}$ (12) $\log_{10} 5$

(13) $\log_{10} 500$ (14) $\log_{10} 45$ (15) $\log_{10} \dfrac{9}{10}$

(16) $\log_{10} \dfrac{9}{5}$ (17) $\log_{10} 0.45$ (18) $\log_{10} 1.2$

練習 18.3 $X = \log_a x$, $Y = \log_a y$, $Z = \log_a z$ として，次の式を X, Y, Z を用いて表しなさい．

(1) $\log_a(xyz)$ (2) $\log_a(x^2 y^{-5} z^3)$ (3) $\log_a \dfrac{y^3 z}{x^2}$

(4) $\log_a \dfrac{x \cdot \sqrt{y}}{z}$ (5) $\log_a \dfrac{y \cdot \sqrt{z}}{\sqrt{x} \cdot y^{-2}}$ (6) $\log_a \dfrac{\sqrt[3]{x^2} \cdot y^4}{z^3}$

練習 18.4 $\log_{10} 2 = 0.301, \log_{10} 3 = 0.477$ として，次の値を求めなさい．

(1) $\log_{10} 2^2$ (2) $\log_{10} 6$ (3) $\log_{10} 8$

(4) $\log_{10}(2^5 \times 3^4)$ (5) $\log_{10} 5$ (6) $\log_{10} \dfrac{10}{3}$

(7) $\log_{10} 1.5$ (8) $\log_{10} 1.2$ (9) $\log_{10} 0.125$

(10) $\log_{10} 2^{50}$ (11) $\log_{10} 1.5^{50}$ (12) $\log_{10} 6^{100}$

練習 18.5 以下で必要ならば $\log_{10} 2 = 0.301$, $\log_{10} 3 = 0.477$ として計算しなさい．

(1) $\log_{10} A = 5$ のとき，A の整数部分は何桁の数となるか．

(2) $\log_{10} B = 3.95$ のとき，B の整数部分は何桁の数となるか．

(3) $\log_{10} C = 0.875$ のとき，C の整数部分は何桁の数となるか．

(4) $\log_{10} 6^{25}$ を計算し，6^{25} の整数部分が何桁であるか求めなさい．

練習 18.6 以下の数値の整数部分の桁数を求めなさい．必要ならば $\log_{10} 2 = 0.301$, $\log_{10} 3 = 0.477$ として計算しなさい．

(1) 2^{50} (2) 6^{30} (3) 5^{50}

(4) 15^{50} (5) 1.2^{40} (6) 5.4^{10}

練習 18.7 以下の数値の整数部分が 20 桁となるとき，自然数 A がいくら以上であるかを求めなさい．必要ならば $\log_{10} 2 = 0.301$, $\log_{10} 3 = 0.477$ として計算しなさい．

(1) 2^A (2) 3^A (3) $\left(\dfrac{27}{8} \right)^A$

(4) $\left(\dfrac{24}{5} \right)^A$ (5) 3.2^A (6) 13.5^A

19 対数関数のグラフ

逆関数のグラフ

関数 $y = f(x)$ のグラフとその逆関数 $Y = f^{-1}(X)$ のグラフは，直線 $y = x$ に対して対称である．

対数関数のグラフ

関数 $y = \log_a x (a > 0,\ a \neq 1)$ のグラフ.

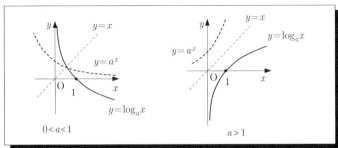

対数関数と多項式関数の比較

$a > 1$ とする．x が正の値でどんどん大きくなるとき ($x \to \infty$) に，

$\dfrac{\log_a x}{x^n}$ は　限りなく 0 に近づいてゆく $\left(\dfrac{\log_a x}{x^n} \to 0 \right)$.

$\dfrac{x^n}{\log_a x}$ は　いくらでも大きく増えてゆく $\left(\dfrac{x^n}{\log_a x} \to \infty \right)$.

━━━━━━━━ 練習問題 ━━━━━━━━

練習 19.1　次の関数のグラフの概形を描きなさい.

(1)　$y = \log_2 x$　　　　(2)　$y = \log_3 x$

(3)　$y = \log_{\frac{1}{2}} x$　　　　(4)　$y = \log_{10} x$

練習 19.2　$y = \log_3 x$ に次の変換を行ったグラフを表す式を求めなさい.

(1)　x 軸方向に $+3$ だけ平行移動

(2)　y 軸方向に $+2$ だけ平行移動

(3)　x 軸方向に -2 だけ平行移動したのち，y 軸方向に $+1$ だけ平行移動

(4)　y 軸方向に $+1$ だけ平行移動したのち，x 軸方向に $+3$ だけ平行移動

(5)　x 軸に関して対称に移動

(6)　y 軸に関して対称に移動

(7)　原点に関して対称に移動

練習 19.3　次の関数のグラフは $y = \log_{10} x$ のグラフからどのようにして得られるか述べ，その概形を描きなさい．

(1)　$y = \log_{10} x - 5$ 　　　　(2)　$y = \log_{10} x + 1$

(3)　$y = \log_{10}(x + 7) + 9$ 　　(4)　$y = \log_{10}(x - 2) + 1$

(5)　$y = \log_{10}(-x)$ 　　　　(6)　$y = -\log_{10} x$

練習 19.4　次の関数のグラフの概形を描きなさい．

(1)　$y = \log_2 x + 2$ 　　　　(2)　$y = \log_2(x + 2)$

(3)　$y = \log_2(x - 1) - 2$ 　　(4)　$y = \log_2 x^3$

(5)　$y = \log_2 16x$ 　　　　(6)　$y = -\log_2 x$

(7)　$y = \log_{10} 100x$ 　　　(8)　$y = \log_{10} \dfrac{1}{x}$

練習 19.5　次の関数のグラフを片対数方眼紙に描きなさい．

(1)　$Y = \log_{10} X$ 　　　　(2)　$Y = \log_{10} X^2$

(3)　$Y = \log_{10} 100X$ 　　　(4)　$Y = \log_{10} \dfrac{1}{X}$

練習 19.6　次の関数のグラフを方眼紙と両対数方眼紙に描きなさい．

(1)　$Y = \sqrt{X}$ 　　　(2)　$Y = 2\sqrt{X}$ 　　　(3)　$Y = \dfrac{2}{X^2}$

演習 37 次の等式で，指数表示のものは対数表示に，対数表示のものは指数表示に書き換えなさい.

(1) $\log_3 X = 1.5$　　(2) $p = 10^5$　　(3) $7 = 2^b$

(4) $10 = a^2$　　(5) $\log_2 B = C$　　(6) $B = A^{-2}$

(7) $b = a^{\frac{1}{5}}$　　(8) $X = \left(\dfrac{1}{3}\right)^n$　　(9) $\log_{10} 11 = -b$

演習 38 次の計算をし，できるだけ簡単にしなさい.

(1) $10^{-3} \times 5^3$　　　　(2) $10^0 \div 10^3 \times 10^2$

(3) $(32^{\frac{1}{4}}) \times 2^{\frac{3}{2}}$　　　　(4) $4^{1.5} \div 64^{-0.5}$

(5) $2^{\frac{3}{2}} + 8^{\frac{3}{2}} + 16^{\frac{3}{2}}$　　　　(6) $4^{\frac{1}{2}} \times 16^{\frac{1}{4}} \times 32^{\frac{1}{5}}$

(7) $1 + \log_5 3$　　　　(8) $\log_2 10 - 1$

(9) $\log_8 16 + \log_8 4$　　　　(10) $\log_5 75 - \log_5 15$

(11) $\log_3 \dfrac{9}{2} - \log_3 18$　　　　(12) $\log_{10} 5 + \log_{10} 25 + \log_{10} 40$

(13) $\log_2 5 \cdot \log_8 5$　　　　(14) $\log_{10} 5 \cdot \log_{100} 8$

(15) $\log_{10} \dfrac{5}{12} - \log_{10} \dfrac{40}{9} + \log_{10} \dfrac{20}{27} - \log_{10} \dfrac{8}{15}$

(16) $\dfrac{\log_2 10}{\log_2 5}$　　　　(17) $\dfrac{\log_3 32}{\log_3 8}$

演習 39 次の方程式を解きなさい.

(1) $3^x = 10$　　　　(2) $2^{3x-1} = 5$

(3) $(2^x)^2 - 6 \cdot 2^x + 5 = 0$　　(4) $9^3 - 3^{x+1} - 4 = 0$

(5) $\log_3(8x + 9) = 4$　　　　(6) $\log_2(3x - 4) = 4$

(7) $\log_6 x + \log_6(x + 1) = 1$　　(8) $\log_2(x - 1) + \log_2(x + 2) = 2$

演習 40 次の関数が，与えられた関数値となるときの変数値を求めなさい.

(1) $f(t) = 2^x$　　　　$(\quad f(t) = 10 \quad)$

(2) $F(x) = 2^x + 2^{-x}$　　　　$(\quad F(x) = 2\sqrt{2} \quad)$

(3) $g(x) = \log_2\left(x - \dfrac{1}{x}\right)$　　$(\quad g(x) = 0 \quad)$

演習 41 次の式の A の値を求めなさい.

(1) $A = \log_2 \sqrt[3]{4}$ (2) $\dfrac{1}{2} = \log_A \sqrt{10}$ (3) $-\dfrac{1}{2} = \log_4 A$

(4) $A = \log_{27} 3$ (5) $\dfrac{3}{2} = \log_A 8$ (6) $-\dfrac{3}{2} = \log_4 A$

(7) $A = \log_2 \dfrac{1}{8}$ (8) $-2 = \log_A \dfrac{1}{100}$ (9) $-\dfrac{1}{3} = \log_8 A$

演習 42 $\log_{10} 2 = a$, $\log_{10} 3 = b$ として, 次を a, b で表しなさい.

(1) $\log_{10} 6480$ (2) $\log_{10} \left(\dfrac{9}{8} \right)$ (3) $\log_{10} (10^p 2^q 3^r)$

(4) $\log_{10} 1.8$ (5) $\log_{10} 4.5^3$ (6) $\log_{10} 0.125$

(7) $\log_2 3$ (8) $\log_3 2$ (9) $\log_2 12$

演習 43 $\log_{10} 2 = 0.301$, $\log_{10} 3 = 0.477$ として, 次の対数を求めなさい.

(1) $\log_{10} 48$ (2) $\log_{10} \dfrac{81}{16}$ (3) $\log_{10} 4.5$

演習 44 次の値の整数部分が 10 桁となるには, A がいくら以上であるかを求めなさい. 必要ならば $\log_{10} 2 = 0.301, \log_{10} 3 = 0.477$ として計算しなさい.

(1) $\left(\dfrac{10}{9} \right)^A$ (2) 1.2^A (3) 4.32^A

演習 45 次の方程式を解きなさい.

(1) $(3^x - 5)(3^x + 1) = -8$ (2) $4^x - 2^{x+2} = 5$

(3) $6^x - 3^{x+1} - 2^x + 3 = 0$ (4) $(\log_2 x)^2 - 4\log_2 x + 4 = 0$

(5) $(\log_4 x)^2 - \log_4 x^2 = 0$ (6) $3\log_2 x - 2\log_4 x = 5$

(7) $\log_{10}(x + 2) + \log_{10}(x + 1) = \log_{10} 6$

演習 46 次の各式を変形することにより, 指定された文字を他の文字を用いた式で表しなさい.

(1) $\log_5 x = y$ (x)

(2) $\log_{10}(x + 2) - \log_{10}(y - 1) = 1$ (y)

20 弧度法と三角関数

60分法　全周を360等分した目盛りを
用いて，角の大きさを表す方法である．
単位は度を用いる．

弧度法　動径が半径1の円から切り
取った扇形の弧の長さで表す方法であ
る．単位はラジアンを用いる．

正の角と負の角　角は反時計回りを正
の回転方向として測る．

三角関数　xy-平面上の原点が中心で半

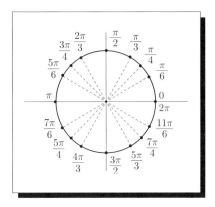

径が1の円と，x 軸正方向から測った角が θ となる (原点を回転の中心とする)
半直線との交点を $P(x, y)$ とする．このとき，sin, cos, tan を次で決める．

$$\sin\theta = y , \qquad \cos\theta = x , \qquad \tan\theta = \frac{y}{x}$$

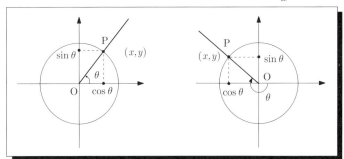

三角関数の基本関係式

$$\tan\theta = \frac{\sin\theta}{\cos\theta} , \qquad \sin^2\theta + \cos^2\theta = 1 , \qquad 1 + \tan^2\theta = \frac{1}{\cos^2\theta}$$

━━━━━━━━━━━━━━ 練習問題 ━━━━━━━━━━━━━━

練習 20.1　60分法での角を弧度法で，弧度法での角を60分法で表しなさい．

(1)	45°	(2)	30°	(3)	90°	(4)	60°
(5)	135°	(6)	270°	(7)	150°	(8)	$\dfrac{1}{18}\pi$
(9)	$\dfrac{7}{12}\pi$	(10)	$\dfrac{5}{3}\pi$	(11)	$\dfrac{7}{6}\pi$	(12)	$\dfrac{3}{2}\pi$

練習 20.2 以下の三角関数の値を求めなさい.

(1)	$\tan\dfrac{\pi}{4}$	(2)	$\cos\dfrac{7\pi}{6}$	(3)	$\sin\dfrac{\pi}{3}$	(4)	$\tan\dfrac{7\pi}{6}$
(5)	$\cos 0$	(6)	$\sin\dfrac{5\pi}{4}$	(7)	$\tan 0$	(8)	$\cos\dfrac{2\pi}{3}$
(9)	$\sin\dfrac{\pi}{2}$	(10)	$\tan\dfrac{5\pi}{3}$	(11)	$\cos\dfrac{\pi}{2}$	(12)	$\sin\dfrac{11\pi}{6}$

練習 20.3 次の等式が成り立つことを示しなさい.

(1) $(\sin\theta + \cos\theta)^2 = 1 + 2\sin\theta\cos\theta$

(2) $(\sin\theta + \cos\theta)(\sin\theta - \cos\theta) = 1 - 2\cos^2\theta$

(3) $\dfrac{1}{1 + \tan^2\theta} = 1 - \sin^2\theta$ (4) $1 - 2\sin^2\alpha = 2\cos^2\alpha - 1$

練習 20.4 $\sin\left(\dfrac{\pi}{6} + \dfrac{2\pi}{3}\right)$ の値と $\sin\dfrac{\pi}{6} + \sin\dfrac{2\pi}{3}$ の値は同じでないことを確かめなさい.

練習 20.5 $\cos\alpha = \dfrac{3}{5}, \sin\beta = \dfrac{1}{3}$ となっているとする.

(1) $0 < \alpha < \dfrac{\pi}{2}$ であるとして, $\sin\alpha, \tan\alpha$ の値を求めなさい.

(2) $\dfrac{\pi}{2} < \beta < \pi$ であるとして, $\cos\beta, \tan\beta$ の値を求めなさい.

練習 20.6 次をみたす角 θ を求めなさい.

(1) $\tan\theta = 1, \ 0 \leqq \theta < \pi$ (2) $\cos\theta = \dfrac{1}{2}, \ 0 \leqq \theta < \pi$

(3) $\sin\theta = \dfrac{\sqrt{3}}{2}, \ \dfrac{\pi}{2} \leqq \theta < \pi$ (4) $\cos\theta = \dfrac{\sqrt{2}}{2}, \ \pi \leqq \theta < 2\pi$

(5) $\tan\theta = -\sqrt{3}, \ 0 \leqq \theta < \pi$ (6) $\sin\theta = 1, \ 0 \leqq \theta < \pi$

21 三角関数とそのグラフ

三角関数のグラフ

半径 1 の円周と, x 軸正方向と θ の角をなす動径との交点を P とすると,

$$\sin\theta = \text{P の } y \text{ 座標}, \qquad \cos\theta = \text{P の } x \text{ 座標}, \qquad \tan\theta = \text{動径の傾き}$$

$$y = \sin\theta \text{ のグラフ}$$

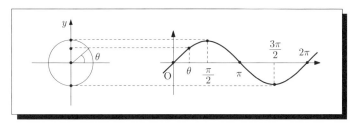

$$y = \cos\theta \text{ のグラフ}$$

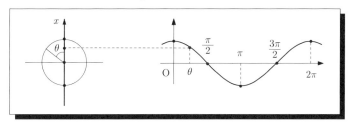

$$y = \tan\theta \text{ のグラフ}$$

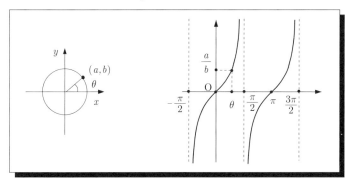

一般角　角を定める 2 本の半直線は, 動径部分が何回転してもよいと考える.
すると, 角 θ $(0 \leqq \theta < 2\pi)$ を表す動径は**一般角** $\theta + 2n\pi$ (ただし, n は整数)

とも表示される.

周期関数 $\sin\theta$, $\cos\theta$ は周期 2π の，$\tan\theta$ は周期 π の周期関数である.

関数 $y = a\sin\omega t$ について，周期は $\dfrac{2\pi}{\omega}$ となる.

a を**振幅**，周期の逆数 $\dfrac{\omega}{2\pi}$ を**振動数**ともいう.

━━━━━━━━━━━━━ 練習問題 ━━━━━━━━━━━━━

練習 21.1 次のグラフはどのような関数で表されるか求めなさい.

(1) $y = \sin x$ のグラフを x 軸方向に $+\dfrac{\pi}{2}$ だけ平行移動したもの

(2) $y = \sin x$ のグラフを x 軸方向に $-\dfrac{\pi}{4}$ だけ平行移動したもの

(3) $y = \sin x$ のグラフを x 軸方向に $-\pi$ だけ平行移動したもの

(4) $y = \cos x$ のグラフを x 軸方向に $-\dfrac{\pi}{2}$ だけ平行移動したもの

(5) $y = \cos x$ のグラフを x 軸方向に $+\dfrac{3\pi}{2}$ だけ平行移動したもの

(6) $y = \cos x$ のグラフを x 軸方向に $+\pi$ だけ平行移動したもの

(7) $y = \tan x$ のグラフを x 軸方向に -2π だけ平行移動したもの

(8) $y = \tan x$ のグラフを x 軸方向に $+\pi$ だけ平行移動したもの

練習 21.2 次の関数のグラフの概形を描きなさい.

(1) $y = \sin\left(\theta - \dfrac{\pi}{2}\right)$　　　　(2) $y = \sin(\theta + \pi)$

(3) $y = \sin(-\theta)$　　　　(4) $y = -\sin\theta$

(5) $y = \cos\left(\theta + \dfrac{\pi}{2}\right)$　　　　(6) $y = \cos(\theta - \pi)$

(7) $y = \cos(-\theta)$　　　　(8) $y = -\cos\theta$

(9) $y = \tan\left(\theta - \dfrac{\pi}{2}\right)$　　　　(10) $y = \tan(\theta - \pi)$

(11) $y = \tan(-\theta)$　　　　(12) $y = -\tan\theta$

練習 21.3 次の関数のグラフの概形を描きなさい.

(1) $y = 3\sin\theta$　　　　(2) $y = \cos 2\theta$

(3) $y = 3\tan\theta$　　　　(4) $y = \tan 2\theta$

58

(5)　$y = 2\sin\left(\theta + \dfrac{\pi}{3}\right)$　　　　(6)　$y = 3\cos\left(\theta - \dfrac{\pi}{4}\right)$

(7)　$y = 2\tan\left(\theta + \dfrac{\pi}{4}\right)$　　　　(8)　$y = \sin\left(2\theta - \dfrac{\pi}{3}\right)$

(9)　$y = \cos\left(\dfrac{\theta}{2} + \dfrac{\pi}{6}\right)$　　　　(10)　$y = -\sin\left(\dfrac{\theta}{2} - \dfrac{\pi}{4}\right)$

練習 21.4　次の関数の周期を求めなさい.

(1)　$y = \sin 2x$　　　　　　　　(2)　$y = \tan 4x$

(3)　$y = \cos\dfrac{x}{2}$　　　　　　　　(4)　$y = \sin\dfrac{x}{3}$

(5)　$y = \cos 2x$　　　　　　　　(6)　$y = \sin\left(x - \dfrac{\pi}{4}\right)$

(7)　$y = \cos\left(x + \dfrac{\pi}{3}\right)$　　　　(8)　$y = \sin\left(2x + \dfrac{\pi}{3}\right)$

(9)　$y = \cos\left(\dfrac{x}{3} - \dfrac{\pi}{6}\right)$　　　　(10)　$y = \tan\left(\dfrac{2x}{3} + \dfrac{\pi}{4}\right)$

練習 21.5　与えられた x の範囲内で，次の方程式を解きなさい.

(1)　$\cos x = 0$　　　　　　　　　　　($0 \leqq x < 2\pi$)

(2)　$\sin x = \dfrac{1}{2}$　　　　　　　　　　($0 \leqq x < \pi$)

(3)　$\cos\left(x + \dfrac{\pi}{6}\right) = \dfrac{\sqrt{3}}{2}$　　　　　$\left(0 \leqq x < \dfrac{\pi}{2} \right)$

(4)　$\sin\left(x - \dfrac{\pi}{4}\right)x = \dfrac{\sqrt{2}}{2}$　　　　($0 \leqq x < \pi$)

(5)　$\tan 2x = -\sqrt{3}$　　　　　　　$\left(0 \leqq x < \dfrac{\pi}{2} \right)$

(6)　$\cos 4x = 0$　　　　　　　　　$\left(0 \leqq x < \dfrac{\pi}{2} \right)$

(7)　$\sin\left(2x + \dfrac{\pi}{6}\right) = -\dfrac{1}{2}$　　　　($0 \leqq x < \pi$)

(8)　$\sin^2 x = \dfrac{1}{2}$　　　　　　　　($0 \leqq x < 2\pi$)

(9)　$2\cos x - 1 = 0$　　　　　　　($0 \leqq x < 2\pi$)

(10)　$\sin^2 x - \sin x - 2 = 0$　　　　$(0 \leqq x < 2\pi)$

22　三角関数の加法定理

三角関数の基本性質

$$\cos(-\theta) = \cos\theta, \qquad \sin(-\theta) = -\sin\theta, \qquad \tan(-\theta) = -\tan\theta$$

三角関数の加法定理

$$\cos(\alpha + \beta) = \cos\alpha\cos\beta - \sin\alpha\sin\beta$$

$$\cos(\alpha - \beta) = \cos\alpha\cos\beta + \sin\alpha\sin\beta$$

$$\sin(\alpha + \beta) = \sin\alpha\cos\beta + \cos\alpha\sin\beta$$

$$\sin(\alpha - \beta) = \sin\alpha\cos\beta - \cos\alpha\sin\beta$$

$$\tan(\alpha + \beta) = \frac{\tan\alpha + \tan\beta}{1 - \tan\alpha\tan\beta}$$

$$\tan(\alpha - \beta) = \frac{\tan\alpha - \tan\beta}{1 + \tan\alpha\tan\beta}$$

三角関数の合成

$$a\sin\theta + b\cos\theta = r\sin(\theta + \alpha)$$

$$\text{ただし, } r = \sqrt{a^2 + b^2}, \ \sin\alpha = \frac{b}{r}, \ \cos\alpha = \frac{a}{r}$$

━━━━━━━━ 練習問題 ━━━━━━━━

練習 22.1　加法定理を利用して, 以下を計算しなさい.

(1) $\cos\left(\dfrac{\pi}{6} + \dfrac{\pi}{3}\right)$ 　　(2) $\cos\left(\dfrac{\pi}{3} + \dfrac{-\pi}{6}\right)$ 　　(3) $\cos\left(\theta + \dfrac{\pi}{2}\right)$

(4) $\cos\left(\theta + \dfrac{-\pi}{2}\right)$ 　　(5) $\sin\left(\dfrac{\pi}{6} + \dfrac{\pi}{4}\right)$ 　　(6) $\tan\left(\dfrac{\pi}{6} + \dfrac{\pi}{4}\right)$

(7) $\sin(\pi - \theta)$ 　　(8) $\cos(\theta + \pi)$ 　　(9) $\tan(\theta + \pi)$

(10) $\tan\left(\theta + \dfrac{\pi}{6}\right)$ 　　(11) $\cos\dfrac{\pi}{12}$ 　　(12) $\tan\dfrac{\pi}{12}$

練習 22.2　$\cos\alpha = -\dfrac{3}{5}, \ \sin\beta = \dfrac{3}{4}$ のとき, 次の三角関数の値を求めなさい. ただし, $0 < \alpha < \pi, \ 0 < \beta < \dfrac{\pi}{2}$ とする.

(1) $\sin\alpha$ 　　(2) $\tan\alpha$ 　　(3) $\cos\left(\alpha + \dfrac{\pi}{2}\right)$

(4) $\sin\left(\dfrac{\pi}{4} - \alpha\right)$ (5) $\tan\left(\alpha + \dfrac{\pi}{3}\right)$ (6) $\dfrac{1}{\tan(\pi - \alpha)}$

(7) $\cos\beta$ (8) $\tan\beta$ (9) $\sin(\pi - \beta)$

(10) $\cos\left(\beta + \dfrac{\pi}{6}\right)$ (11) $\sin(\alpha + \beta)$ (12) $\cos(\alpha - \beta)$

練習 22.3 三角関数の加法定理を利用して，次を $a\sin X + b\cos X$ の形に表しなさい．

(1) $\cos\left(\theta + \dfrac{\pi}{4}\right)$ (2) $\sin\left(\theta - \dfrac{\pi}{6}\right)$ (3) $2\sin\left(\theta + \dfrac{2\pi}{3}\right)$

(4) $\dfrac{1}{\sqrt{2}}\cos\left(\theta - \dfrac{3\pi}{4}\right)$ (5) $\cos\left(2\theta - \dfrac{\pi}{3}\right)$ (6) $\sin\left(2\theta + \dfrac{2\pi}{3}\right)$

練習 22.4 次の式を三角関数の合成により $r\sin(\theta + \alpha)$ の形で表示しなさい．（ただし，$r > 0$）

(1) $\sin\theta + \cos\theta$ (2) $-\sin\theta + \cos\theta$ (3) $\sin\theta + \sqrt{3}\cos\theta$

(4) $-\sqrt{3}\sin\theta + \cos\theta$ (5) $\sin\theta - \cos\theta$ (6) $-\sin\theta + \sqrt{3}\cos\theta$

練習 22.5 与えられた x の範囲内で，次の方程式を解きなさい．

(1) $\sin x + \cos x = \dfrac{\sqrt{2}}{2}$ ($0 \leqq x \leqq \pi$)

(2) $\sin 2x + \cos 2x + 1 = 0$ ($0 \leqq x < \pi$)

(3) $\sin x = \cos x$ ($0 \leqq x < \dfrac{\pi}{2}$)

(4) $\sin^2 x - \cos^2 x = 0$ ($0 \leqq x < 2\pi$)

練習 22.6 以下の関数について，与えられた変数値の範囲で，指示された関数値となるときの変数値を求めなさい．

(1) $f(x) = \cos x$ ($0 \leqq x < \pi$, $f(x) = \dfrac{1}{2}$)

(2) $g(t) = \sin t + \cos t$ ($0 \leqq t < \pi$, $g(t) = 1$)

(3) $F(\theta) = 2\sin^2\theta + 5\sin\theta$ ($0 \leqq \theta < 2\pi$, $F(\theta) = 3$)

23 三角関数の種々の公式

倍角の公式

$$\sin(2\alpha) = 2\sin\alpha\cos\alpha$$
$$\cos(2\alpha) = \cos^2\alpha - \sin^2\alpha = 1 - 2\sin^2\alpha = 2\cos^2\alpha - 1$$
$$\tan(2\alpha) = \frac{2\tan\alpha}{1 - \tan^2\alpha}$$

半角の公式

$$\sin^2\left(\frac{\alpha}{2}\right) = \frac{1 - \cos\alpha}{2} \ , \ \ \cos^2\left(\frac{\alpha}{2}\right) = \frac{1 + \cos\alpha}{2} \ , \ \ \tan^2\left(\frac{\alpha}{2}\right) = \frac{1 - \cos\alpha}{1 + \cos\alpha}$$

積を和に直す公式

$$\sin\alpha\sin\beta = -\frac{\cos(\alpha + \beta) - \cos(\alpha - \beta)}{2}$$

$$\cos\alpha\cos\beta = \frac{\cos(\alpha + \beta) + \cos(\alpha - \beta)}{2}$$

$$\sin\alpha\cos\beta = \frac{\sin(\alpha + \beta) + \sin(\alpha - \beta)}{2}$$

和を積に直す公式

$$\sin\alpha + \sin\beta = 2\sin\left(\frac{\alpha + \beta}{2}\right)\cos\left(\frac{\alpha - \beta}{2}\right)$$

$$\cos\alpha + \cos\beta = 2\cos\left(\frac{\alpha + \beta}{2}\right)\cos\left(\frac{\alpha - \beta}{2}\right)$$

$$\cos\alpha - \cos\beta = -2\sin\left(\frac{\alpha + \beta}{2}\right)\sin\left(\frac{\alpha - \beta}{2}\right)$$

練習問題

練習 23.1 (1) 加法定理を用いて，倍角の公式を導きなさい．

(2) 倍角の公式を用いて，半角の公式を導きなさい．

練習 23.2 $\tan\alpha = \dfrac{1}{2}$ のとき，次の三角関数の値を求めなさい．ただし，$0 < \alpha < \dfrac{\pi}{2}$ とする．

(1)　$\cos\alpha$　　　　　(2)　$\sin\alpha$　　　　　(3)　$\sin 2\alpha$

(4)　$\cos 2\alpha$　　　　(5)　$\tan 2\alpha$

練習 **23.3**　次の三角関数の値を求めなさい.

(1)　$\sin\dfrac{3\pi}{8}$　　　　(2)　$\cos\dfrac{7\pi}{12}$　　　　(3)　$\tan\dfrac{7\pi}{8}$

(4)　$\cos\dfrac{9\pi}{8}$　　　　(5)　$\tan\dfrac{5\pi}{12}$　　　　(6)　$\sin\dfrac{11\pi}{8}$

練習 **23.4**　次の三角関数の値を求めなさい.

(1)　$\sin\dfrac{\pi}{12}+\sin\dfrac{5}{12}\pi$　　(2)　$\sin\dfrac{13\pi}{12}+\sin\dfrac{7\pi}{12}$　　(3)　$\cos\dfrac{5\pi}{8}+\cos\dfrac{3\pi}{8}$

(4)　$\cos\dfrac{\pi}{12}+\cos\dfrac{7\pi}{12}$　　(5)　$\cos\dfrac{5\pi}{12}-\cos\dfrac{\pi}{12}$　　(6)　$\cos\dfrac{7\pi}{12}-\cos\dfrac{\pi}{12}$

(7)　$\sin\dfrac{\pi}{4}\sin\dfrac{\pi}{12}$　　(8)　$\cos\dfrac{5\pi}{8}\cos\dfrac{3\pi}{8}$　　(9)　$\cos\dfrac{5\pi}{12}\cos\dfrac{3\pi}{4}$

練習 **23.5**　次の等式の成り立つことを示しなさい.
$$E\sin\omega t + E\sin\left(\omega t+\dfrac{2}{3}\pi\right) + E\sin\left(\omega t-\dfrac{2}{3}\pi\right) = 0$$

練習 **23.6**　与えられた x の範囲内で，次の方程式を解きなさい.

(1)　$\sin x = \sin 2x$　　　　　　　　$(\ 0\leqq x < 2\pi\ )$

(2)　$\cos x = \cos 2x$　　　　　　　　$(\ 0\leqq x < 2\pi\ )$

(3)　$\sin x + \sin 4x = 0$　　　　　　　$\left(\ 0\leqq x < \dfrac{\pi}{2}\ \right)$

(4)　$\cos x - \cos 3x = 0$　　　　　　　$(\ 0\leqq x < \pi\ )$

(5)　$\sin\left(x+\dfrac{\pi}{4}\right) + \sin\left(x-\dfrac{\pi}{4}\right) = 1$　　$(\ 0\leqq x < \pi\ )$

練習 **23.7**　与えられた変数の範囲で，次の関数値となる変数値を求めなさい.

(1)　$f(x) = \tan^2 x + 1$　　　　　　　$\left(\ -\dfrac{\pi}{2} < x < \dfrac{\pi}{2},\ f(x) = 4\ \right)$

(2)　$F(\theta) = \sqrt{1-\cos^2\theta}$　　　　　　$\left(\ 0\leqq\theta\leqq\pi,\ F(\theta) = \dfrac{1}{2}\ \right)$

演習 47 次の等式の成り立つことを示しなさい.

(1) $\cos^2\theta - \sin^2\theta = \dfrac{1 - \tan^2\theta}{1 + \tan^2\theta}$

(2) $\sin^3\alpha - \cos^3\alpha = (\sin\alpha - \cos\alpha)(1 + \sin\alpha\cos\alpha)$

(3) $(\cos^2\theta\tan\theta)^2 = -\sin^4\theta + \sin^2\theta$

(4) $\dfrac{\sin^2\theta}{1 - \cos\theta} = 1 + \cos\theta$

(5) $2\sin\left(\theta + \dfrac{\pi}{4}\right)\cos\left(\theta - \dfrac{\pi}{4}\right) = 1 + 2\sin\theta\cos\theta$

演習 48 以下の関数について,指定された変数の値を代入し計算しなさい.

(1) $f(\theta) = \sin\theta + \cos\theta$ $\quad\left(\theta = \dfrac{\pi}{6}, \dfrac{\pi}{4}\right)$

(2) $g(x) = \dfrac{\sin x}{x}$ $\quad\left(x = -\dfrac{\pi}{6}, \dfrac{\pi}{3}, \dfrac{\pi}{2}\right)$

(3) $G(\theta) = \tan\theta + \tan\left(\theta + \dfrac{3\pi}{4}\right)$ $\quad\left(\theta = 0, \dfrac{\pi}{4}\right)$

(4) $f(x) = 3\sin^2 x + \cos x + 1$ $\quad\left(x = \dfrac{\pi}{6}, \dfrac{\pi}{4}\right)$

(5) $f(x) = x^2 + x - 1$ $\quad(x = \sin\theta + \cos\theta)$

(6) $g(t) = \left(1 + \dfrac{1}{t}\right)\left(1 - \dfrac{1}{t}\right)$ $\quad(t = \cos\alpha)$

(7) $F(x) = \sqrt{1 - x^2}$ $\quad(x = \cos\theta),\quad$ ただし, $0 \leqq \theta < \dfrac{\pi}{2}$

(8) $G(t) = \sqrt{1 + t^2}$ $\quad(x = \tan\theta),\quad$ ただし, $0 \leqq \theta < \dfrac{\pi}{2}$

演習 49 次の方程式を与えられた範囲内で解きなさい.

(1) $\cos t + 1 = 0$ $\quad(0 \leqq t < 4\pi)$

(2) $3\tan^2 t - 1 = 0$ $\quad(0 \leqq t < \pi)$

(3) $2\sin^2 x - 3\sin x - 2 = 0$ $\quad(0 \leqq x < \pi)$

(4) $2\sin^2 x - 1 = 0$ $\quad(0 < x < 2\pi)$

(5) $\sin x = \cos 2x$ $\quad(0 \leqq x < 2\pi)$

(6) $\sin x = 1 + \sqrt{3}\cos x$ $\quad(0 \leqq x < 2\pi)$

(7) $\quad \sin 3x = -\dfrac{1}{\sqrt{2}}$ $\qquad\qquad\qquad$ ($0 \leqq x < \pi$)

(8) $\quad \tan\left(x - \dfrac{\pi}{6}\right) = -\dfrac{1}{\sqrt{3}}$ $\qquad\qquad$ $\left(-\dfrac{\pi}{2} < x < \dfrac{\pi}{2} \right)$

(9) $\quad 2\sin x + \sqrt{3} = 0$ $\qquad\qquad\qquad$ ($0 < x < \pi$)

(10) $\quad \cos x^2 = \dfrac{1}{2}$ $\qquad\qquad\qquad\quad$ ($0 \leqq x < 2\sqrt{\pi}$)

(11) $\quad 2\cos^2 x + \cos x - 1 = 0$ $\qquad\qquad$ ($0 < x < \pi$)

(12) $\quad -2\cos^2 t + 3\sin t + 2 = 0$ $\qquad\quad$ ($0 \leqq t < 2\pi$)

(13) $\quad \sin t + \cos t = \dfrac{1}{\sqrt{2}}$ $\qquad\qquad$ ($0 \leqq t < \pi$)

(14) $\quad \sqrt{3}\sin t - \cos t = -1$ $\qquad\qquad$ ($0 \leqq t < 2\pi$)

(15) $\quad \sin t + \cos 2t = 2$ $\qquad\qquad\qquad$ ($0 \leqq t < 4\pi$)

(16) $\quad \sin t + \sin 3t = 0$ $\qquad\qquad\qquad$ ($0 \leqq t < 2\pi$)

(17) $\quad \cos 2t + \sqrt{3}\cos t = 2$ $\qquad\qquad$ ($0 \leqq t < 2\pi$)

演習 50 次の t に関する関数について，与えられた関数値となるときの変数値を求めなさい．ただし，$0 \leqq t < 2\pi$ とする．

(1) $\quad f(t) = 2\sin t + 1$ $\qquad\qquad$ ($f(t) = -1,\ f(t) = 0,\ f(t) = 1 - \sqrt{3}$)

(2) $\quad g(t) = \cos^2 t - 2\cos t$ $\qquad$ $\left(g(t) = -1,\ g(t) = -\dfrac{3}{4},\ g(t) = 0 \right)$

(3) $\quad H(x) = \dfrac{\cos x}{1 + \sin^2 x}$ $\qquad\qquad$ ($0 \leqq x \leqq \pi,\ H(x) = -1$)

(4) $\quad g(\theta) = \sin 5\theta + \sin \theta$ $\qquad\qquad$ $\left(-\dfrac{\pi}{2} \leqq \theta \leqq \dfrac{\pi}{2},\ g(\theta) = 0 \right)$

(5) $\quad H(x) = \cos 2x - \cos x$ $\qquad\quad$ ($0 \leqq x \leqq \pi,\ H(x) = 2$)

(6) $\quad G(\theta) = 2\sin^2 \theta - \sin 2\theta$ $\qquad$ ($-\pi \leqq \theta \leqq \pi,\ G(\theta) = 0$)

(7) $\quad h(x) = \cos 4x + \cos 2x$ $\qquad\quad$ ($-\pi \leqq x \leqq \pi,\ h(x) = 0$)

演習 51 次をみたす角 θ に対して，$\sin\theta,\ \cos\theta,\ \tan\theta$ の値を求めなさい．

(1) $\quad \sin\theta = \dfrac{1}{3},\ 0 < \theta < \dfrac{\pi}{2}$

(2)　$\cos\theta = \dfrac{3}{5}, \ \pi < \theta < 2\pi$

(3)　$\tan\theta = \dfrac{1}{3}, \ \dfrac{\pi}{2} \leqq \theta < \dfrac{3\pi}{2}$

(4)　$\sin\theta - \sqrt{3}\cos\theta = -\dfrac{1}{2}, \ 0 \leqq \theta < \pi$

(5)　$6\cos^2\theta + \cos\theta = 1, \ 0 \leqq \theta < \dfrac{\pi}{2}$

(6)　$\sin\left(\theta + \dfrac{\pi}{12}\right)\sin\left(\theta - \dfrac{\pi}{12}\right) = \cos 2\theta, \ 0 < \theta < \dfrac{\pi}{2}$

(7)　$2\sin 2\theta = \cos\theta, \ 0 \leqq \theta < \dfrac{\pi}{2}$

(8)　$\cos 2\theta = \sin^2\theta, \ \pi \leqq \theta < 2\pi$

演習 52　次の関数のグラフの概形を描きなさい.

(1)　$y = \sin\left(\theta + \dfrac{\pi}{2}\right)$　　(2)　$y = \cos 2\theta$　　(3)　$y = \cos(\theta + \pi)$

(4)　$y = \tan\left(\theta + \dfrac{\pi}{2}\right)$　　(5)　$y = 3\cos\theta$　　(6)　$y = \tan 2\theta$

演習 53　sin, cos の加法定理を用いて, 次の式を示しなさい.

$$\tan(\alpha + \beta) = \frac{\tan\alpha + \tan\beta}{1 - \tan\alpha\tan\beta} \ , \qquad \tan(\alpha - \beta) = \frac{\tan\alpha - \tan\beta}{1 + \tan\alpha\tan\beta}$$

演習 54　次の三角関数の値を求めなさい.

(1)　$\sin\dfrac{\pi}{12}$　　　　　(2)　$\cos\dfrac{\pi}{12}$　　　　　(3)　$\tan\dfrac{\pi}{12}$

(4)　$\sin\dfrac{\pi}{8}$　　　　　(5)　$\sin\dfrac{7\pi}{8}$　　　　　(6)　$\cos\dfrac{5\pi}{8}$

(7)　$\sin\dfrac{7\pi}{8} - \sin\dfrac{5\pi}{8}$　　(8)　$\sin\dfrac{11\pi}{12} + \sin\dfrac{7\pi}{12}$　　(9)　$\cos\dfrac{17\pi}{12} + \cos\dfrac{\pi}{12}$

(10)　$\sin\dfrac{\pi}{8}\cos\dfrac{3\pi}{8}$　　(11)　$\sin\dfrac{5\pi}{12}\sin\dfrac{7\pi}{12}$　　(12)　$\cos\dfrac{\pi}{24}\cos\dfrac{5\pi}{24}$

演習 55　$0 < \alpha < \dfrac{\pi}{2}$ として, $\sin 2\theta + 4\cos^2\theta = 4$ であるとき, 次の三角関数の値を求めなさい.

(1)　$\cos\theta$　　　　　(2)　$\sin\theta$　　　　　(3)　$\tan 2\theta$

(4)　$\sin\left(\theta + \dfrac{\pi}{4}\right)$　　(5)　$\cos\dfrac{\theta}{2}$　　　　　(6)　$\tan\dfrac{\theta}{2}$

演習56 次の式を三角関数の合成により $r \sin(\theta + \alpha)$ の形で表示したとき，$\sin \alpha, \cos \alpha, \tan \alpha, \sin 2\alpha, \cos 2\alpha, \tan 2\alpha$ の値を求めなさい (ただし, $r > 0$).

(1) $\sqrt{3} \sin \theta - \cos \theta$ (2) $\sin \theta + 2 \cos \theta$

(3) $\sqrt{3} \sin \theta + \sqrt{2} \cos \theta$ (4) $-3 \sin \theta + 4 \cos \theta$

演習57 以下の関数について，指示された変数値の範囲での，関数の最大値を求めなさい．

(1) $f(x) = \cos x$ $(0 \leqq x < 2\pi)$

(2) $F(t) = \sin t \cos t$ $\left(0 \leqq t \leqq \dfrac{\pi}{6} \right)$

(3) $g(x) = \sqrt{3} \sin x - \cos x$ $(0 \leqq x < 2\pi)$

(4) $g(t) = \dfrac{1}{1 + \tan^2 t}$ $\left(-\dfrac{\pi}{2} < x < \dfrac{\pi}{2} \right)$

(5) $f(t) = \cos^2 t - 4 \cos t + 5$ $(0 \leqq t < 2\pi)$

(6) $H(t) = \sin t + \cos 2t$ $(\, 0 \leqq t < \pi \,)$

演習58 次の関数について，与えられた変数の範囲における，関数値の取りうる範囲を求めなさい．

(1) $f(x) = \cos x + 1$ $(\, 0 \leqq x < 2\pi \,)$

(2) $f(t) = \sin t$ $\left(\dfrac{\pi}{6} \leqq x \leqq \dfrac{\pi}{4} \right)$

(3) $g(x) = \cos^2 x$ $\left(-\dfrac{\pi}{4} \leqq x \leqq \dfrac{\pi}{3} \right)$

(4) $F(t) = \sin^2 t + 2 \sin t + 3$ $(\, 0 \leqq t < 2\pi \,)$

(5) $G(\theta) = \sin \theta + \cos \theta$ $(\, 0 \leqq \theta < \pi \,)$

(6) $F(x) = \sin x + \sin \left(x + \dfrac{\pi}{4} \right)$ $\left(\dfrac{\pi}{2} \leqq x \leqq \pi \right)$

24　不等式

不等号の意味

$$A < B \quad (A は B より小さい)$$

$$A \leqq B \quad (A は B より小さいか，または等しい)$$

$$A > B \quad (A は B より大きい)$$

$$A \geqq B \quad (A は B より大きいか，または等しい)$$

不等式の性質　　$A < B$ であるとき

(1)　$A + K < B + K, \quad A - K < B - K$

(2)　$\begin{cases} K > 0 \text{ ならば } AK < BK \\ K < 0 \text{ ならば } AK > BK \end{cases}$

1 次不等式の解き方　　x に関する 1 次不等式

$ax + b \leqq c$ を解くと

$$\begin{cases} a > 0 \text{ の場合} \quad x \leqq \dfrac{c-b}{a} \\ a < 0 \text{ の場合} \quad x \geqq \dfrac{c-b}{a} \end{cases}$$

$ax + b \geqq c$ を解くと

$$\begin{cases} a > 0 \text{ の場合} \quad x \geqq \dfrac{c-b}{a} \\ a < 0 \text{ の場合} \quad x \leqq \dfrac{c-b}{a} \end{cases}$$

1 次不等式と領域

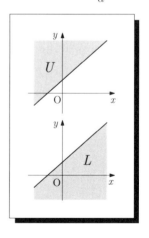

　平面上の直線 $y = ax + b$ は，平面を 2 つの領域にわけ，この直線より上方の領域を U, この直線より下方の領域を L とする.

　不等式 $y \geqq ax + b$ をみたす平面上の点 (x, y) は，領域 U あるいは，この直線上に存在する.

　不等式 $y \leqq ax + b$ をみたす平面上の点 (x, y) は，領域 L あるいは，この直線上に存在する.

━━━━━━━━━━ 練習問題 ━━━━━━━━━━

練習 24.1　A, B が $2 < A < 5, -1 < B < 3$ をみたしているとする. 次の値

の存在する範囲を不等号を用いて表しなさい.

(1) $3A$ (2) $5B$ (3) $-2A$

(4) $-3B$ (5) $2A-6$ (6) $3B+2$

(7) A^2+1 (8) B^2 (9) B^2-1

練習 24.2 C が $-5C+11 \leqq 3$ をみたしているとする. 次の値の存在する範囲を不等号を用いて表しなさい.

(1) $-5C$ (2) $-5C-4$ (3) C

(4) $3C+1$ (5) $\dfrac{1}{C}$ (6) C^2

練習 24.3 次の x に関する 1 次不等式を解きなさい.

(1) $3x \geqq 8$ (2) $-\dfrac{3}{2}x \geqq 4$ (3) $3x-6 \leqq 0$

(4) $5x+4 \geqq 0$ (5) $-7x+23 \leqq 0$ (6) $-6x-12 \geqq 0$

(7) $5x+2 \leqq -1$ (8) $6x-7 \geqq 1$ (9) $-2x+13 \leqq 3$

練習 24.4 次の x に関する 1 次不等式を解きなさい.

(1) $5x+3 \leqq 7x$ (2) $-3x+4 \geqq 5x$

(3) $2x+11 \leqq -2x+16$ (4) $-4x-9 \geqq 3x-5$

(5) $x+a \leqq 3x+1-a$ (6) $(a+1)x-4 \geqq (2+a)x+5a$

練習 24.5 次の x,y に関する不等式をみたす平面上の点 (x,y) の存在範囲を図示しなさい.

(1) $y \leqq 3x$ (2) $y \geqq -2x+1$

(3) $x+y \geqq 1$ (4) $x+y \leqq 3$

(5) $-3x+y \geqq 4$ (6) $2x-3y \leqq 1$

(7) $3 \leqq 7x-2y+1$ (8) $x+y \leqq 3x+y-2$

(9) $x-y+5 \geqq -3x+y+2$ (10) $2x+3y+4 \leqq -x+y-5$

(11) $y \leqq 5$ (12) $x \geqq 1$

練習 **24.6**　次の x, y に関する連立不等式をみたす平面上の点 (x, y) の存在範囲を図示しなさい.

(1) $\begin{cases} x \geqq 2 \\ y \geqq -1 \end{cases}$ 　　　　(2) $\begin{cases} 0 \leqq x \leqq 1 \\ 2 \leqq y \leqq 4 \end{cases}$

(3) $\begin{cases} y \geqq x \\ x \geqq 2 \end{cases}$ 　　　　(4) $\begin{cases} y \geqq -x \\ y \leqq x + 1 \end{cases}$

(5) $\begin{cases} x + y \leqq 1 \\ y \geqq 2x - 6 \end{cases}$ 　　(6) $\begin{cases} x + y \geqq 3 \\ x + y \leqq 6 \end{cases}$

(7)　$0 \leqq x + y \leqq 1$ 　　　(8)　$-1 \leqq x - y \leqq 2$

(9)　$1 \leqq 3x - y \leqq x - 3y$ 　(10) $2y + 1 \leqq 2x + y \leqq x + 2y$

練習 **24.7**　x, y が次の不等式をみたしているとする. y の値が最大となるとき, その y の値と, そのときの x の値を求めなさい.

(1) $\begin{cases} 1 \leqq x \leqq 2 \\ y \leqq -3x + 1 \end{cases}$ 　(2) $\begin{cases} y \leqq x + 1 \\ y \leqq -2x + 2 \end{cases}$

(3)　$2x - 2 \leqq y \leqq x + 1$ 　(4)　$y \leqq 2x + 1 \leqq -2y + 5$

練習 **24.8**　平面上の点 (x, y) が次の不等式をみたしているとする. 直線 $x + y = k$ が, この (x, y) の領域と共有点をもつとき値 k の範囲を求めなさい.

(1) $\begin{cases} -1 \leqq x \leqq 3 \\ -2 \leqq y \leqq 2 \end{cases}$ 　(2) $\begin{cases} 1 \leqq x \leqq 2 \\ y \leqq -2x + 4 \end{cases}$

(3) $\begin{cases} y \geqq x \\ y \leqq 3 \end{cases}$ 　　　　(4) $\begin{cases} y \geqq x - 1 \\ y \geqq -2x + 1 \end{cases}$

25 2次不等式

2次不等式と領域

平面上の放物線 $y = ax^2 + bx + c$ は，平面を2つの**領域**にわけ，この放物線より上方の領域を U，この放物線より下方の領域を L とする．

不等式 $y \geqq ax^2 + bx + c$ をみたす平面上の点 (x, y) は，領域 U あるいは，この放物線上に存在する．

不等式 $y \leqq ax^2 + bx + c$ をみたす平面上の点 (x, y) は，領域 L あるいは，この放物線上に存在する．

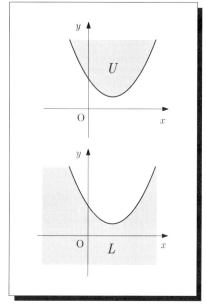

不等号と積

$AB > 0$ ならば，「$A > 0$, $B > 0$」または「$A < 0$, $B < 0$」

$AB < 0$ ならば，「$A > 0$, $B < 0$」または「$A < 0$, $B > 0$」

2次不等式の解法 (I)

（$\alpha < \beta$ とする）

不等式 $(x - \alpha)(x - \beta) < 0$ を x に関して解くと $\alpha < x < \beta$

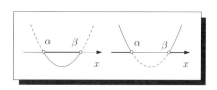

不等式 $(x - \alpha)(x - \beta) > 0$ を x に関して解くと $x < \alpha, \beta < x$

2次不等式の解法 (II)

(1) $ax^2 + bx + c = 0$ が実数解をもつ場合 （ $ax^2 + bx + c = a(x - \alpha)(x - \beta)$ （$\alpha < \beta$）としておく ）

71

	$a > 0$	$a < 0$
$ax^2 + bx + c > 0$	$x < \alpha,\ \beta < x$	$\alpha < x < \beta$
$ax^2 + bx + c < 0$	$\alpha < x < \beta$	$x < \alpha,\ \beta < x$

(2) $ax^2 + bx + c = 0$ が実数解をもたない場合 (つまり, $b^2 - 4ac < 0$)

	$a > 0$	$a < 0$
$ax^2 + bx + c > 0$	任意の実数が解	解は存在しない
$ax^2 + bx + c < 0$	解は存在しない	任意の実数が解

練習問題

練習 25.1 次の x, y に関する不等式をみたす平面上の点 (x, y) の存在範囲を図示しなさい.

(1) $y \leqq x^2$ (2) $y \geqq -3x^2$

(3) $y \geqq x^2 - 2x + 1$ (4) $y \leqq x^2 - 2x - 3$

(5) $y \geqq -x^2 + 3x - 2$ (6) $y \leqq x^2 + 2x + 2$

(7) $y \leqq (x - 2)(x - 5)$ (8) $y \geqq (x + 1)(x - 3)$

練習 25.2 次の x に関する 2 次不等式を解きなさい.

(1) $(x - 1)(x - 5) \leqq 0$ (2) $(x - 3)(x - 2) \geqq 0$

(3) $(x - 2)(x + 3) \leqq 0$ (4) $(x + 5)(x - 4) \geqq 0$

(5) $2(x + 3)(x + 1) \leqq 0$ (6) $-3(x - 1)(x + 1) \geqq 0$

(7) $(2x - 4)(x + 1) \leqq 0$ (8) $(3x + 1)(x + 1) \geqq 0$

(9) $(5x - 3)(2x - 7) \leqq 0$ (10) $(3x - 5)(7x - 2) \geqq 0$

(11) $(2x - 1)(5x + 1) \leqq 0$ (12) $(2x + 1)(-5x + 1) \geqq 0$

練習 25.3 次の範囲が解となるような x の 2 次不等式をつくりなさい.

(1) $-1 \leqq x \leqq 1$ (2) $2 < x < 4$

(3) $x \leqq 1,\ 3 \leqq x$ (4) $x < -1,\ 2 < x$

(5) $\dfrac{1}{3} \leqq x \leqq \dfrac{1}{2}$ 　　　　　　　(6) $x \leqq \sqrt{2},\ \sqrt{5} \leqq x$

練習 25.4　次の x に関する 2 次不等式を解きなさい.

(1) $x^2 \leqq 3$ 　　　　　　　　(2) $x^2 \geqq 7$

(3) $(x-3)^2 \leqq 4$ 　　　　　(4) $(x+1)^2 \geqq 9$

(5) $x^2 - 4x + 3 \leqq 0$ 　　　(6) $x^2 - 5x + 6 \geqq 0$

(7) $x^2 + 4x \leqq 5$ 　　　　　(8) $x^2 + 5x \geqq 14$

(9) $x^2 - 2x - 1 \leqq 0$ 　　　(10) $x^2 - 4x + 2 \geqq 0$

(11) $x^2 - 2x + 2 \leqq 0$ 　　　(12) $x^2 - 2x + 3 \geqq 0$

(13) $x^2 + 4x + 12 \leqq -2x + 4$ 　　(14) $2x^2 + 8x - 6 \geqq x^2 + 2x + 1$

(15) $(x-1)(x-7) \leqq -2x$ 　　(16) $x(x+1) \geqq (1-x)(x-4)$

練習 25.5　$x,\,y$ が次の条件をみたしているとする.このとき y の取りうる値の範囲を求めなさい.

(1) $\begin{cases} y = x^2 - 2x + 3 \\ -1 \leqq x \leqq 4 \end{cases}$ 　　(2) $\begin{cases} y = -x^2 - 3x + 1 \\ -1 \leqq x \leqq 6 \end{cases}$

練習 25.6　$t,\,y$ が次の関係式をみたしているとする.このとき y の取りうる値の範囲を求めなさい.

(1) $y = 2\sin t + 1,$ 　　　　ただし，$-\dfrac{\pi}{4} \leqq t \leqq \dfrac{3\pi}{4}$

(2) $y = \sin t \cos t - 1,$ 　　　ただし，$\dfrac{\pi}{4} \leqq t \leqq \dfrac{\pi}{2}$

(3) $y = \cos^2 t - 2\cos t + 5,$ 　　ただし，$-\dfrac{\pi}{2} \leqq t \leqq \pi$

(4) $y = (\sin t + 1)(\sin t + 3),$ 　ただし，$0 \leqq t \leqq \dfrac{3\pi}{2}$

(5) $y = \tan^2 t + \tan t - 1,$ 　　ただし，$-\dfrac{\pi}{4} \leqq t \leqq \dfrac{\pi}{3}$

演習 59　次の x に関する不等式を解きなさい.

(1)　$7x - \dfrac{2}{3} \leqq -2x + 1$　　　　　(2)　$-4(2x + 3) \geqq -3x + 9$

(3)　$x^2 \leqq x + 6$　　　　　(4)　$x^2 \geqq -5x + 6$

(5)　$3x^2 - 2 \leqq 4x$　　　　　(6)　$x^2 - 2 \geqq -x - 1$

(7)　$3x^2 + x - 1 \leqq 0$　　　　　(8)　$-x^2 + 2x - 2 \geqq 0$

(9)　$x^2 + 8x + 7 \leqq 2x^2 + 8x - 2$　(10)　$-3x^2 + 5x + 1 \geqq -2x^2 + 4x - 5$

(11)　$(x + 4)(x - 3) \leqq -6$　　　　(12)　$(x - 3)^2 \geqq 4$

(13)　$|2x - 1| \leqq 5$　　　　　(14)　$|x - 4| \leqq |2x - 2|$

演習 60　t, y が次の関係式をみたしているとする. このとき y の取りうる値
の範囲を求めなさい.

(1)　$y = t^2 - 6t + 9$　　　　　(2)　$y = -3t^2 - 6t + 5$

(3)　$y = t^4 + 6t^2 + 10$　　　　(4)　$y = t^4 - 2t^2 + 4$

(5)　$y = (2^t)^2 + 3 \cdot 2^t + 5$　　　(6)　$y = 9^t - 3^{t+1} + 2$

(7)　$y = \cos t + 5$　　　　　(8)　$y = 2(\sin t - 1)$

(9)　$y = 2\sin t + \cos t$　　　　(10)　$y = \cos^2 t - 2\sin t$

演習 61　次の x, y に関する不等式をみたす平面上の点 (x, y) の存在範囲を図
示しなさい.

(1)　$y \leqq 5$　　　　　　(2)　$x \geqq -2$

(3)　$3x - 2y \geqq \dfrac{3}{4}$　　　　　(4)　$1 \leqq x + y \leqq 5$

(5)　$\begin{cases} y \leqq x^2 + 4x + 2 \\ -2 \leqq x \leqq 1 \end{cases}$　　　(6)　$\begin{cases} y \geqq x^2 + 5x - 6 \\ y \leqq 2x - 2 \end{cases}$

(7)　$y \leqq -2x^2 + 5x + 5,\ \ x + y \geqq 13$

(8)　$x^2 + 6x + 6 \leqq y \leqq x$

(9)　$x^2 - x + 3 \leqq x + y \leqq 5x - 5$

(10)　$x^2 + 2x + 2 \leqq y \leqq x^2 - 4x + 7$

26 複素数

虚数単位 2乗すると -1 となる数，つまり $\sqrt{-1}$, を虚数単位といい，j（数学では i も用いる）で表す．
$$j^2 = -1, \qquad j^3 = j^2 \times j = -j, \qquad j^4 = j^2 \times j^2 = (-1)^2 = 1$$
複素数 実数 a, b を用いて $z = a + bj$ と表される数 z を**複素数**という．a を z の実部（$\mathrm{Re}\,z$），b を z の虚部（$\mathrm{Im}\,z$）という．

共役複素数 複素数 $z = a + bj$ に対して，$\bar{z} = a - bj$ を z の**共役複素数**という．

複素数の絶対値 複素数 $z = a + bj$ に対し，$|z| = \sqrt{a^2 + b^2}$ を z の**絶対値**という．

計算の基本性質 $z = a + bj$, $w = c + dj$ に対し，

$$z + w = (a + c) + (b + d)j \qquad z - w = (a - c) + (b - d)j$$
$$z \times w = (ac - bd) + (ad + bc)j \qquad z \div w = \frac{(ac + bd) + (-ad + bc)j}{c^2 + d^2}$$

とくに，$\dfrac{1}{w} = \dfrac{c - dj}{c^2 + d^2} = \dfrac{\bar{w}}{|w|^2}$

━━━━━━━━━━━━ 練習問題 ━━━━━━━━━━━━

練習 26.1 次の計算をし，なるべく簡単に表示しなさい．ただし，j は虚数単位を表す．

(1) $(3 + 2j) + (4 - 3j)$ (2) $(5 - 2j) - (6 - 4j)$

(3) $3(2 + j) - 4\{(3 - 2j) - 5(4 + 3j)\}$

(4) $(2j) \cdot (3j)$ (5) $j \cdot (3 + j)$

(6) $j(7 + 3j) - 5j(4 + 6j)$ (7) $(-j)^3$

(8) $(-j)^7$ (9) $1 + 2j + 3j^2 + 4j^3 + 5j^4$

(10) $(1 + j)(1 - j)$ (11) $(1 + j)^2$

(12) $(4 + 3j)(4 - 3j)$ (13) $(1 + \sqrt{2}j)(2 + \sqrt{2}j)$

(14) $(1 - j)^3$ (15) $(1 + j)(2 - 3j + 4j^2 - 5j^3)$

練習 **26.2** 次の複素数 z の共役複素数を求めて，その絶対値を計算しなさい．

(1)　$z = -4$ (2)　$z = -5j$

(3)　$z = 6 + j$ (4)　$z = 3 + 4j$

(5)　$z = (6 + j) + (3 + 4j)$ (6)　$z = (1 - j)(2 + j)$

練習 **26.3** 複素数 z について，$|z|^2 = z \times \bar{z}$ となることを確めなさい．

練習 **26.4** 次の式において $z = 1 + 2j$, $w = 2 + j$ と代入し計算しなさい．

(1)　$z + w$ (2)　$3z - 2w$ (3)　$z - wj$

(4)　$z \times w$ (5)　$z^2 - w^2$ (6)　$(z + w)^2$

(7)　$z\bar{z}$ (8)　$(w + \bar{w})(z + \bar{z})$ (9)　$z\bar{w} - \bar{z}w$

(10)　$w + \dfrac{1}{w}$ (11)　$|w - 1|$ (12)　$|z + w|$

練習 **26.5** 次の計算をし，なるべく簡単に表示しなさい．ただし，j は虚数単位を表す．

(1)　$\dfrac{1}{j}$ (2)　$\dfrac{3 + 6j}{-j}$ (3)　$\dfrac{6j + 1}{2j}$ (4)　$\dfrac{1}{1 + j}$

(5)　$\dfrac{2 + 3j}{1 - j}$ (6)　$\dfrac{6 - j}{1 - j}$ (7)　$\dfrac{1 + \sqrt{2}j}{1 - \sqrt{2}j}$ (8)　$\dfrac{|\sqrt{2} + j|}{|\sqrt{3} + \sqrt{2}j|}$

練習 **26.6** 次の計算をし，なるべく簡単に表示しなさい．

(1)　$j + \dfrac{1}{j}$ (2)　$2j - \dfrac{1}{j}$

(3)　$\dfrac{2 + j}{j} + \dfrac{2 + j}{3}$ (4)　$\dfrac{3 - j}{1 + j} + \dfrac{2 + j}{1 - j}$

(5)　$\dfrac{1}{(1 + j)(2 + j)} - \dfrac{1}{(1 - j)(2 + j)} + \dfrac{1}{2 - j}$

(6)　$\left(\cos \dfrac{\pi}{4} + j \sin \dfrac{\pi}{4} \right) \left(\cos \dfrac{\pi}{2} + j \sin \dfrac{\pi}{2} \right)$

(7)　$\left(\cos \dfrac{\pi}{3} + j \sin \dfrac{\pi}{3} \right) \left(\cos \dfrac{\pi}{6} + j \sin \dfrac{\pi}{6} \right)$

27 複素数の極座標表示

複素平面

複素数 $z = a + bj$ (a, b は実数) が，xy 平面上の点 (a, b)（またはその位置ベクトル）を表していると考え，平面上の各点に複素数を対応させて考えた平面を**複素平面**という．複素平面の x 軸を**実軸**，y 軸を**虚軸**という．

複素数の和・差

複素数の和・差は，ベクトルとしての和・差に一致する．

（注）z と $\bar{z}$ は実軸に関して対称．z と $-z$ は原点に関して対称．

$$\operatorname{Re} z = \frac{z + \bar{z}}{2},$$
$$\operatorname{Im} z = \frac{z - \bar{z}}{2}$$

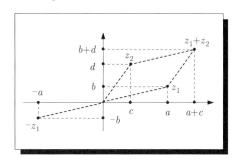

偏角

$z = a + bj$ (a, b は実数かつ $(a, b) \neq (0, 0)$) について，z の位置ベクトルと実軸正方向がなす角 θ を z の**偏角**（$\arg z$）という．$\cos\theta = \dfrac{a}{|z|}$, $\sin\theta = \dfrac{b}{|z|}$ である．

極座標表示

$z = a + bj$ を $r = |z|$ と $\theta = \arg z$ の組 (r, θ) で表す方法を**極座標表示**という．
$z = r(\cos\theta + j\sin\theta)$ が成り立ち，z のこの表し方を**極形式**と呼ぶ．

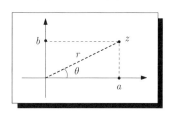

複素数の積・商 複素数の積・商について次が成り立つ．

$$|zw| = |z||w|, \qquad\qquad \arg(zw) = \arg z + \arg w$$
$$\left|\frac{z}{w}\right| = \frac{|z|}{|w|}, \qquad\qquad \arg\left(\frac{z}{w}\right) = \arg z - \arg w$$

オイラーの関係式 $\quad e^{j\theta} = \cos\theta + j\sin\theta, \quad |e^{j\theta}| = 1$

この関係式により，$r(\cos\theta + j\sin\theta) = re^{j\theta}$ と表される.

ドモアブルの定理　$(\cos\theta + j\sin\theta)^n = \cos n\theta + j\sin n\theta$

━━━━━━━━━━━━ 練習問題 ━━━━━━━━━

練習 27.1　次の複素数を極座標で表しなさい.

(1)　1　　　　　　(2)　j　　　　　　(3)　$-j$

(4)　$3j$　　　　　(5)　5　　　　　　(6)　$-4j$

(7)　$1+j$　　　　(8)　$2-2j$　　　　(9)　$-1+j$

練習 27.2　極座標で $\left(2, \dfrac{\pi}{3}\right)$ と表されている複素数 u がある．次の複素数を極座標で表しなさい.

(1)　$-u$　　　　　　(2)　$3u$　　　　　　(3)　$\bar{u}$

(4)　$\dfrac{1}{u}$　　　　　　(5)　u^2　　　　　　(6)　$u \times j$

練習 27.3　次の複素数を極座標で表し，また極形式でも表しなさい.

(1)　$z = \dfrac{\sqrt{2}}{2} + \dfrac{\sqrt{2}}{2}j$　(2)　$z = -\dfrac{\sqrt{2}}{2} - \dfrac{\sqrt{2}}{2}j$　(3)　$z = -\dfrac{\sqrt{3}}{2} - \dfrac{1}{2}j$

(4)　$z = \dfrac{\sqrt{3}}{2} + \dfrac{1}{2}j$　(5)　$z = \dfrac{1+j}{\sqrt{2}}$　　　(6)　$z = 1 + \sqrt{3}j$

(7)　$z = -\sqrt{3} + j$　(8)　$z = \dfrac{1+j}{3}$　　　(9)　$z = 2(1-\sqrt{3}j)$

練習 27.4　z, w を複素数とするとき，次の各等式が成り立つことを示しなさい.

(1)　$|zw| = |z| \times |w|$　　　　(2)　$\arg(zw) = \arg z + \arg w$

(3)　$\left|\dfrac{z}{w}\right| = \dfrac{|z|}{|w|}$　　　　(4)　$\arg\left(\dfrac{z}{w}\right) = \arg z - \arg w$

練習 27.5　次の複素数を極形式で表しなさい.

(1)　$z = \dfrac{\sqrt{3}+j}{j}$　　(2)　$z = (1-j) \times j$　(3)　$z = (-1+j)(1+\sqrt{3}j)$

(4) $\quad z = (1 + j)^2$ $\qquad$ (5) $\quad z = (1 - j)^2$ $\qquad$ (6) $\quad z = \dfrac{1}{\sqrt{3} - j}$

練習 27.6 次の複素数を計算し，なるべく簡単な形で表しなさい.

(1) $\quad \left(\cos \dfrac{\pi}{4} + j \sin \dfrac{\pi}{4} \right)^5$ $\qquad$ (2) $\quad \left(\cos \dfrac{\pi}{3} + j \sin \dfrac{\pi}{3} \right)^8$

(3) $\quad \left(\cos \dfrac{\pi}{6} - j \sin \dfrac{\pi}{6} \right)^{15}$ $\qquad$ (4) $\quad \left(- \cos \dfrac{\pi}{12} + j \sin \dfrac{\pi}{12} \right)^{20}$

(5) $\quad z = (1 + j)^{10}$ $\qquad$ (6) $\quad z = (1 - j)^8$

練習 27.7 次の複素数の実部と虚部を求めなさい.

(1) $\quad z = e^{\frac{\pi}{2} j}$ $\qquad$ (2) $\quad z = e^{\frac{\pi}{4} j}$ $\qquad$ (3) $\quad z = e^{-\frac{\pi}{3} j}$

(4) $\quad z = \sqrt{2} e^{-\frac{\pi}{4} j}$ $\qquad$ (5) $\quad z = 2 e^{\frac{\pi}{3} j}$ $\qquad$ (6) $\quad z = 3 e^{-\frac{\pi}{2} j}$

(7) $\quad z = 5 e^{\frac{3\pi}{2} j}$ $\qquad$ (8) $\quad z = \dfrac{e^{j\theta} + e^{-j\theta}}{2}$ $\qquad$ (9) $\quad z = \dfrac{e^{j\theta} - e^{-j\theta}}{2}$

練習 27.8 ドモアブルの定理を用いずに，オイラーの関係式を用いて計算することにより $(\cos\theta + j \sin\theta)^4 = \cos 4\theta + j \sin 4\theta$ となることを確かめなさい.

練習 27.9 $z = r(\cos\theta + j \sin\theta)$ とする. 以下に答えなさい.

(1) $\quad z^2$ を極形式で表しなさい.

(2) $\quad$ 虚数単位 j を極形式で表しなさい.

(3) $\quad z^2 = j$ を解き，z を求めなさい.

練習 27.10 次の式をみたす複素数 z を求めなさい.

(1) $\quad z^2 + 2z + 2 = 0$ $\qquad$ (2) $\quad z^2 - z + 1 = 0$

(3) $\quad z^2 = \cos \dfrac{\pi}{3} + j \sin \dfrac{\pi}{3}$ $\qquad$ (4) $\quad z^2 = 4 \left(\cos \dfrac{\pi}{2} + j \sin \dfrac{\pi}{2} \right)$

(5) $\quad z^3 = 1$ $\qquad$ (6) $\quad z^2 = -j$

(7) $\quad z^2 = \dfrac{-1 + \sqrt{3} j}{2}$ $\qquad$ (8) $\quad z^3 = j$

28 ベクトル

ベクトル 大きさと方向をもつ量をベクトルという．平面 (あるいは空間) 内の線分に矢印をつけた**有向線分**でベクトルを表示できる．

2 つのベクトルは，長さと向きが同じときに，同一のベクトルとみなす．

ベクトルを表す文字として $\vec{a}, \vec{b}, \cdots$ のように，上に矢印をつけたり，$a, b, \cdots$ のような文字を用いたりする．

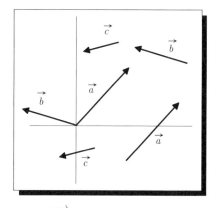

また，有向線分の**始点**を P，**終点**を Q として，$\overrightarrow{PQ}$ とも書く．

ベクトルの大きさ ベクトル a を有向線分で表したとき，この線分の長さをベクトル a の**大きさ**といい，$|a|$ で表す．

ベクトルの加法 $a = \overrightarrow{OA}$，$b = \overrightarrow{OB}$ のとき，平行四辺形 AOBC をつくり，このとき $\overrightarrow{OC}$ を $a + b$ と表す．

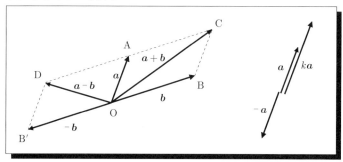

ベクトルのスカラー倍 実数 k と a について，a を表す有向線分を k 倍に伸ばした有向線分が表すベクトルを ka と書き表す．この ka を a の k 倍，あるいは実数 k と a の**スカラー倍** という．実数をベクトルと対比して**スカラー**と呼ぶこともある (大きさのみをもっている量のこと)．

$k < 0$ の場合には，有向線分の向きを逆方向にして k 倍に伸ばすことにする．

$k = -1$ の場合には，$(-1)\boldsymbol{a}$ は $\boldsymbol{a}$ を逆向きにしたものであり，簡単のために $-\boldsymbol{a}$ と書く．($\boldsymbol{a} + (-\boldsymbol{b})$ を $\boldsymbol{a} - \boldsymbol{b}$ と書く)

$k = 0$ の場合には，$k\boldsymbol{a}$ は向きも長さもない点のみとなり，これもベクトルと考えることにし，とくに**零ベクトル**といい，$\boldsymbol{0}$ で表す．

―――――――――――― 練習問題 ――――――――――――

練習 28.1 次の計算をし，簡単にしなさい．

(1) $2\boldsymbol{a} + 3\boldsymbol{a}$ (2) $3\boldsymbol{b} - 5\boldsymbol{b}$

(3) $(\lambda + 4)\boldsymbol{a} + (\mu - 2)\boldsymbol{a}$ (4) $\dfrac{\lambda}{3}\boldsymbol{b} - \dfrac{2\lambda - 1}{5}\boldsymbol{b}$

(5) $2\boldsymbol{a} + 3\boldsymbol{a} - 5\boldsymbol{a}$ (6) $-4\boldsymbol{a} + 2\boldsymbol{b} + \boldsymbol{a} - 3\boldsymbol{b}$

(7) $3(\boldsymbol{a} + 2\boldsymbol{b}) + 4(\boldsymbol{a} - 3\boldsymbol{b})$ (8) $2(\boldsymbol{a} - \boldsymbol{b}) - (\boldsymbol{a} + \boldsymbol{b})$

(9) $-4(2\boldsymbol{a} - 5\boldsymbol{b}) - 2(3\boldsymbol{a} - 6\boldsymbol{b})$ (10) $(\boldsymbol{a} - 3\boldsymbol{b}) - 3(\boldsymbol{a} - 2\boldsymbol{b})$

練習 28.2 正方形 OACB で $\boldsymbol{a} = \overrightarrow{\mathrm{OA}}$, $\boldsymbol{b} = \overrightarrow{\mathrm{OB}}$ とする．次のベクトルを $\boldsymbol{a}, \boldsymbol{b}$ を用いて表しなさい．

(1) $\overrightarrow{\mathrm{AO}}$ (2) $\overrightarrow{\mathrm{BO}}$ (3) $\overrightarrow{\mathrm{AC}}$

(4) $\overrightarrow{\mathrm{CB}}$ (5) $\overrightarrow{\mathrm{OC}}$ (6) $\overrightarrow{\mathrm{AB}}$

練習 28.3 三角形 ABC で $\boldsymbol{a} = \overrightarrow{\mathrm{AB}}$, $\boldsymbol{b} = \overrightarrow{\mathrm{BC}}$ とする．次のベクトルを $\boldsymbol{a}, \boldsymbol{b}$ で表しなさい．

(1) $\overrightarrow{\mathrm{BA}}$ (2) $\overrightarrow{\mathrm{CB}}$ (3) $\overrightarrow{\mathrm{AC}}$

練習 28.4 正方形 OACB で $\boldsymbol{a} = \overrightarrow{\mathrm{OA}}$, $\boldsymbol{b} = \overrightarrow{\mathrm{OB}}$ とする．次のベクトルを作図しなさい．

(1) $\dfrac{2}{3}\boldsymbol{a}$ (2) $\dfrac{1}{2}\boldsymbol{b}$ (3) $2\boldsymbol{a}$

(4) $\boldsymbol{a} + \boldsymbol{b}$ (5) $\boldsymbol{a} - \boldsymbol{b}$ (6) $\boldsymbol{a} + \dfrac{1}{2}\boldsymbol{b}$

(7) $2\boldsymbol{a} - \boldsymbol{b}$ (8) $3\boldsymbol{a} - 2\boldsymbol{b}$ (9) $\dfrac{1}{2}(\boldsymbol{a} + \boldsymbol{b})$

練習 28.5 平行四辺形 OACB で $a = \overrightarrow{OA}$, $b = \overrightarrow{OB}$ とする．次のベクトルを a, b を用いて表しなさい．

(1) $\overrightarrow{AO}$ (2) $\overrightarrow{CO}$ (3) $\overrightarrow{AB}$

(4) 辺 AC の中点を D としたとき $\overrightarrow{AD}$ (5) $\overrightarrow{DC}$

(6) $\overrightarrow{OD}$ (7) $\overrightarrow{BD}$

練習 28.6 三角形 OAB で $a = \overrightarrow{OA}$, $b = \overrightarrow{OB}$ とする．次のベクトルを a, b で表しなさい．

(1) $\overrightarrow{AB}$ (2) 辺 AB の中点を N として $\overrightarrow{AN}$

(3) $\overrightarrow{ON}$ (4) 辺 OB の中点を M として $\overrightarrow{NM}$

練習 28.7 正六角形 OABCDE で $a = \overrightarrow{OA}$, $b = \overrightarrow{AB}$ とする．次のベクトルを a, b で表しなさい．

(1) $\overrightarrow{OB}$ (2) $\overrightarrow{ED}$ (3) $\overrightarrow{DC}$

(4) $\overrightarrow{EC}$ (5) $\overrightarrow{OC}$ (6) $\overrightarrow{BC}$

(7) $\overrightarrow{OE}$ (8) $\overrightarrow{AE}$ (9) $\overrightarrow{AC}$

練習 28.8 次の式をみたすベクトル x を a, b などで表しなさい．

(1) $3a = 2x$ (2) $5x = 2a + 3b$

(3) $5a - b = 3x + a$ (4) $-\dfrac{3b}{4} + \dfrac{2a}{3} = \dfrac{1}{2}x - \dfrac{1}{4}a$

(5) $2b + x = -3a - 2x + b$ (6) $\dfrac{a + b - x}{5} = \dfrac{a - b + x}{2}$

練習 28.9 ベクトル x, y, a, b が関係式

$$x + y = 2a, \quad x - 2y = b$$

をみたしているとき，x, y を a, b を用いて表しなさい．

29 ベクトルの成分表示

ベクトルの成分表示　原点 O の座標平面上で, 有向線分 $\overrightarrow{OA}$ がベクトル $\boldsymbol{a}$ を表しているとき, 点 A の座標 (p, q) のことをベクトル $\boldsymbol{a}$ の成分といい, $\boldsymbol{a} = (p, q)$ あるいは $\boldsymbol{a} = \begin{pmatrix} p \\ q \end{pmatrix}$ と書き表す.

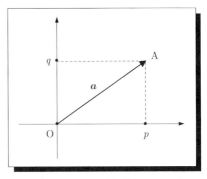

ベクトルの大きさ, 加法, スカラー倍　k をスカラー (実数), ベクトル $\boldsymbol{a} = \begin{pmatrix} a_1 \\ a_2 \end{pmatrix}$, $\boldsymbol{b} = \begin{pmatrix} b_1 \\ b_2 \end{pmatrix}$ とすると

$$|\boldsymbol{a}| = \sqrt{a_1{}^2 + a_2{}^2}$$

$$\boldsymbol{a} + \boldsymbol{b} = \begin{pmatrix} a_1 + b_1 \\ a_2 + b_2 \end{pmatrix}, \quad \boldsymbol{a} - \boldsymbol{b} = \begin{pmatrix} a_1 - b_1 \\ a_2 - b_2 \end{pmatrix}, \quad k\boldsymbol{a} = \begin{pmatrix} ka_1 \\ ka_2 \end{pmatrix}$$

ベクトルの内積　ベクトル $\boldsymbol{a} = \begin{pmatrix} a_1 \\ a_2 \end{pmatrix}$,

$\boldsymbol{b} = \begin{pmatrix} b_1 \\ b_2 \end{pmatrix}$ とするとき, $a_1 b_1 + a_2 b_2$ をベクトル $\boldsymbol{a}$, $\boldsymbol{b}$ の内積といい, $\boldsymbol{a} \cdot \boldsymbol{b}$ で表す

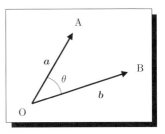

$$\boldsymbol{a} \cdot \boldsymbol{b} = a_1 b_1 + a_2 b_2$$

$\boldsymbol{a} = \overrightarrow{OA}$, $\boldsymbol{b} = \overrightarrow{OB}$ とし, $\angle AOB = \theta$ とすると,

$$\boldsymbol{a} \cdot \boldsymbol{b} = |\boldsymbol{a}| \times |\boldsymbol{b}| \times \cos\theta$$

内積の性質

$$\boldsymbol{a} \cdot \boldsymbol{b} = \boldsymbol{b} \cdot \boldsymbol{a}$$

$$a \cdot (b + c) = a \cdot b + a \cdot c \qquad a \cdot (b - c) = a \cdot b - a \cdot c$$
$$(a + b) \cdot c = a \cdot c + b \cdot c \qquad (a - b) \cdot c = a \cdot c - b \cdot c$$
$$a \cdot (kb) = k(a \cdot b) = (ka) \cdot b$$
$$a \cdot a = |a|^2$$

━━━━━━━━━━━━━━━ 練習問題 ━━━━━━━━━━━━━━━

練習 29.1　$a = (2, 4)$, $b = (-3, 2)$, $c = (-1, -5)$ のとき，次のベクトルを成分表示で表しなさい．

(1)　$a + b$　　　　　(2)　$b - c$　　　　　(3)　$5b$

(4)　$-\sqrt{2}c$　　　　(5)　$a - b - c$　　　(6)　$2a - 3b - c$

(7)　$3a + 2b + 4c$　(8)　$-2a + 3b - 2c$

練習 29.2　正方形 OACB で $\overrightarrow{\mathrm{OA}} = \begin{pmatrix} 1 \\ 0 \end{pmatrix}$, $\overrightarrow{\mathrm{OB}} = \begin{pmatrix} 0 \\ 1 \end{pmatrix}$ とする．次のベクトルを成分表示で表し，またそれら各ベクトルの大きさを求めなさい．

(1)　$\overrightarrow{\mathrm{AO}}$　　　　　(2)　$\overrightarrow{\mathrm{BO}}$　　　　　(3)　$\overrightarrow{\mathrm{AC}}$

(4)　$\overrightarrow{\mathrm{CB}}$　　　　　(5)　$\overrightarrow{\mathrm{OC}}$　　　　　(6)　$\overrightarrow{\mathrm{AB}}$

練習 29.3　$a = \begin{pmatrix} 3 \\ -1 \end{pmatrix}$, $b = \begin{pmatrix} 3 \\ 4 \end{pmatrix}$ のとき，次のベクトルの大きさを求めなさい．

(1)　a　　　　　　(2)　$3a$　　　　　　(3)　$-2a$

(4)　$-b$　　　　　(5)　$\dfrac{1}{2}b$　　　　(6)　$\dfrac{1}{|b|}b$

(7)　$a + b$　　　　(8)　$a - b$　　　　　(9)　$3a - 2b$

練習 29.4　次の2つのベクトルの内積を求めなさい．

(1) $\quad \boldsymbol{a} = \begin{pmatrix} 1 \\ 2 \end{pmatrix}, \qquad \boldsymbol{b} = \begin{pmatrix} -1 \\ 3 \end{pmatrix}$

(2) $\quad \boldsymbol{x} = (1, 0), \qquad \boldsymbol{y} = (0, 3)$

(3) $\quad \overrightarrow{\mathrm{OP}} = \begin{pmatrix} -1 \\ 2 \end{pmatrix}, \quad \overrightarrow{\mathrm{OQ}} = \begin{pmatrix} -2 \\ 1 \end{pmatrix}$

(4) $\quad \overrightarrow{\mathrm{AB}} = (1, 1), \qquad \overrightarrow{\mathrm{CD}} = (3, -4)$

(5) $\quad \boldsymbol{a} = \begin{pmatrix} \sqrt{2} \\ -1 \end{pmatrix}, \qquad \boldsymbol{b} = \begin{pmatrix} 1 + \sqrt{2} \\ \sqrt{2} \end{pmatrix}$

(6) $\quad \boldsymbol{c} = \left(\dfrac{1}{2}, -\dfrac{1}{3} \right), \qquad \boldsymbol{d} = (-1, 1)$

練習 **29.5** $\quad \boldsymbol{a} = \begin{pmatrix} 1 \\ -1 \end{pmatrix}, \boldsymbol{b} = \begin{pmatrix} -2 \\ 3 \end{pmatrix}, \boldsymbol{c} = \begin{pmatrix} 2 \\ 2 \end{pmatrix},$ のとき，次の 2 つの
ベクトルの内積を求めなさい．

(1) $\quad 3\boldsymbol{a}, \quad -\boldsymbol{b}$ 　　　　　 (2) $\quad \boldsymbol{a}, \quad \boldsymbol{b} - \boldsymbol{c}$

(3) $\quad \boldsymbol{a} + \boldsymbol{b} - \boldsymbol{c}, \quad \boldsymbol{b}$ 　　　 (4) $\quad \boldsymbol{b}, \quad \boldsymbol{b}$

(5) $\quad \boldsymbol{a} + \boldsymbol{b}, \quad \boldsymbol{a} - \boldsymbol{b}$ 　　　 (6) $\quad \boldsymbol{a} - \boldsymbol{b} + \boldsymbol{c}, \quad \boldsymbol{a} + \boldsymbol{b} + \boldsymbol{c}$

(7) $\quad \sqrt{2}\boldsymbol{a} + \boldsymbol{c}, \quad \boldsymbol{b} - \sqrt{2}\boldsymbol{c}$ 　 (8) $\quad 2\boldsymbol{a} - 3\boldsymbol{c}, \quad 3\boldsymbol{b} - 2\boldsymbol{c}$

練習 **29.6** $\quad \boldsymbol{a} = \begin{pmatrix} -1 \\ 1 \end{pmatrix}, \boldsymbol{b} = \begin{pmatrix} -\sqrt{2} \\ -\sqrt{2} \end{pmatrix},$ のとき，次の 2 つのベクトルの
組で，直交しているものを選びなさい．

(1) $\quad -\boldsymbol{a}, \qquad\qquad 2\boldsymbol{b}$

(2) $\quad \boldsymbol{a} + \boldsymbol{b}, \qquad\quad\ \boldsymbol{a} - \boldsymbol{b}$

(3) $\quad \boldsymbol{a} + \boldsymbol{b}, \qquad\quad\ 2\boldsymbol{a} - \boldsymbol{b}$

(4) $\quad \boldsymbol{a} + \sqrt{2}\boldsymbol{b}, \qquad \boldsymbol{a} - \boldsymbol{b}$

演習 62 $z_1 = 3 + 5j, z_2 = -1 + \sqrt{3}j, z_3 = \sqrt{2} - 2j$ とする.

(1) $(2z_1 - 5z_2)(z_2 - z_3)$, $\dfrac{z_2 + 4}{z_1 - z_3}$, $\dfrac{z_1 + \dfrac{1}{z_2}}{z_2 - \dfrac{1}{z_3}}$ を計算しなさい.

(2) $z_1, z_2, z_3, z_1 - z_2 + z_3$ それぞれの絶対値を求めなさい.

(3) $z_1{}^2, z_2{}^5$ を求めなさい.

(4) $z^7 = z_3$ となる複素数 z を求めなさい.

(5) $\arg z_1 = \theta$ とするとき, $\sin\theta, \cos\theta, \tan\theta, \sin 2\theta, \cos\dfrac{\theta}{2}$ それぞれの値を求めなさい.

演習 63 $z = x + yj, \alpha = -\sqrt{3} + j, \beta = 1 + \sqrt{2}j$ とする. 次の各関係式から, 文字 $x, y, \cdots$ などに成り立つ関係式を導きなさい.

(1) $|z| = 1$

(2) $|z + \beta| = \sqrt{3}$

(3) $|z| = 4\,\mathrm{Re}\, z$

(4) $\arg\dfrac{\beta z}{\alpha} = -\dfrac{\pi}{4}$

(5) $|z - \alpha| = |z + 2\beta|$

(6) $\mathrm{Re}\,\dfrac{z + \alpha}{z} = 0$

演習 64 複素数 α は関係式 $\alpha^2 + \alpha + 1 = 0$ をみたしているとする.

(1) $\alpha^3, \alpha \times \bar{\alpha}, \alpha + \bar{\alpha}$ の値を求めなさい.

(2) $4\alpha + \alpha^2 - 2\alpha^3 + 3\alpha^4 = p + q\alpha$ となる実数 p, q を求めなさい.

(3) $p + q\alpha = j$ となる実数 p, q を求めなさい.

(4) $\dfrac{1}{1 + 2\alpha + 3\alpha^2} = p + q\alpha$ となる実数 p, q を求めなさい.

演習 65 複素数 β は関係式 $\beta + \dfrac{1}{\beta} = \sqrt{3}$ をみたしているとする.

(1) β を極座標表示で表しなさい.

(2) $\beta^n + \dfrac{1}{\beta^n}$ を計算しなさい.

演習 66 平面上の点 O$(0,0)$, A$(5,3)$, B$(1,4)$ とする.

(1) 平行四辺形 OACB があるとき, ベクトル $\overrightarrow{OC}$ を求めなさい.

(2) AB の中点を M とするとき, ベクトル $\overrightarrow{OM}$ を求めなさい.

(3)　BC の中点を N とするとき，ベクトル $\overrightarrow{\mathrm{ON}}$ を求めなさい.

演習 67　ベクトル $\boldsymbol{a}=\begin{pmatrix}1\\-1\end{pmatrix}$, $\boldsymbol{b}=\begin{pmatrix}2\\1\end{pmatrix}$ $\boldsymbol{c}=\begin{pmatrix}2\\0\end{pmatrix}$, $\boldsymbol{d}=\begin{pmatrix}1\\1\end{pmatrix}$ と する.

(1)　$3\boldsymbol{a}+\boldsymbol{b}-2\boldsymbol{c}+4\boldsymbol{d}, 2\boldsymbol{a}+2\boldsymbol{b}-3\boldsymbol{c}$ を求めなさい.

(2)　$p\boldsymbol{a}+q\boldsymbol{b}=\boldsymbol{d}$ が成り立つとき，実数 p, q の値を求めなさい.

(3)　5 つのベクトル $\boldsymbol{a}, \boldsymbol{b}, \boldsymbol{c}, \boldsymbol{d}, \boldsymbol{a}+\boldsymbol{b}$ のそれぞれの大きさを求めなさい.

(4)　ベクトル $\boldsymbol{a}, \boldsymbol{b}$ の内積を求めなさい.

(5)　ベクトル $\boldsymbol{b}, \boldsymbol{d}$ のなす角を θ とする. $\sin\theta, \cos\theta, \tan\theta, \cos 2\theta, \sin\dfrac{\theta}{2}$ それぞれの値を求めなさい.

演習 68　ベクトル $\boldsymbol{x}=\begin{pmatrix}x\\y\end{pmatrix}$, $\boldsymbol{a}=\begin{pmatrix}-1\\2\end{pmatrix}$, $\boldsymbol{b}=\begin{pmatrix}3\\1\end{pmatrix}$ とする. 次の ベクトルで表された関係から，文字 $x, y, \cdots$ などの関係式を求めなさい.

(1)　$\boldsymbol{x}=\boldsymbol{a}+k\boldsymbol{b}$　　ただし，k は実数

(2)　$|\boldsymbol{x}-\boldsymbol{a}|=r$　　ただし，r は正の実数

(3)　$\boldsymbol{x}\cdot\boldsymbol{a}=1$　　　　　　　　(4)　$(\,\boldsymbol{x}-5\boldsymbol{a}\,)\cdot\boldsymbol{b}=0$

(5)　$\boldsymbol{x}\cdot\boldsymbol{a}=\boldsymbol{x}\cdot3\boldsymbol{b}$　　　　　(6)　$(\,-2\boldsymbol{x}+\boldsymbol{a}\,)\cdot(\,\boldsymbol{x}-\boldsymbol{b}\,)=0$

(7)　$\boldsymbol{x}$ と $\boldsymbol{a}$ は平行である.　　(8)　$\boldsymbol{x}$ と $\boldsymbol{b}$ は直交している.

演習 69　ベクトル $\boldsymbol{a}_1=\begin{pmatrix}1\\-1\end{pmatrix}$, $\boldsymbol{a}_2=\begin{pmatrix}2\\1\end{pmatrix}$ とする.

(1)　$\boldsymbol{b}_1=\dfrac{\boldsymbol{a}_1}{|\boldsymbol{a}_1|}$ とする. ベクトル $\boldsymbol{b}_1$ およびその長さを求めなさい.

(2)　内積 $\boldsymbol{a}_2\cdot\boldsymbol{b}_1$ を求めなさい (この値を p としておく).

(3)　$\boldsymbol{c}_2=\boldsymbol{a}_2-p\boldsymbol{b}_1$ とすると，ベクトル $\boldsymbol{b}_1, \boldsymbol{c}_2$ は直交することを示しな さい.

(4)　$\boldsymbol{b}_2=\dfrac{\boldsymbol{c}_2}{|\boldsymbol{c}_2|}$ とする. ベクトル $\boldsymbol{b}_2$ およびその長さを求めなさい.

30 行列

行列　$m \times n$ 個の数を長方形状に並べカッコで囲んだもの

$$\begin{pmatrix} a_{11} & a_{12} & \cdots\cdots & a_{1n} \\ a_{21} & a_{22} & \cdots\cdots & a_{2n} \\ \vdots & \vdots & & \vdots \\ a_{m1} & a_{m2} & \cdots\cdots & a_{mn} \end{pmatrix}$$

を (m, n) 行列といい，とくに (n, n) 行列を n 次正方行列という．

行列の演算　k を実数，$A = \begin{pmatrix} a_{11} & a_{12} \\ a_{21} & a_{22} \end{pmatrix}$，$B = \begin{pmatrix} b_{11} & b_{12} \\ b_{21} & b_{22} \end{pmatrix}$ として

加法　　　$A + B = \begin{pmatrix} a_{11} + b_{11} & a_{12} + b_{12} \\ a_{21} + b_{21} & a_{22} + b_{22} \end{pmatrix}$

　　　　　　$A - B = \begin{pmatrix} a_{11} - b_{11} & a_{12} - b_{12} \\ a_{21} - b_{21} & a_{22} - b_{22} \end{pmatrix}$

スカラー倍　$kA = \begin{pmatrix} ka_{11} & ka_{12} \\ ka_{21} & ka_{22} \end{pmatrix}$，　$-A = \begin{pmatrix} -a_{11} & -a_{12} \\ -a_{21} & -a_{22} \end{pmatrix}$

積　　　　　$AB = \begin{pmatrix} a_{11}b_{11} + a_{12}b_{21} & a_{11}b_{12} + a_{12}b_{22} \\ a_{21}b_{11} + a_{22}b_{21} & a_{21}b_{12} + a_{22}b_{22} \end{pmatrix}$

単位行列，零行列

単位行列：　$\begin{pmatrix} 1 & 0 \\ 0 & 1 \end{pmatrix}$　$\begin{pmatrix} 1 & 0 & 0 \\ 0 & 1 & 0 \\ 0 & 0 & 1 \end{pmatrix}$　$\cdots\cdots$

零行列　　　$\begin{pmatrix} 0 & 0 \\ 0 & 0 \end{pmatrix}$　$\begin{pmatrix} 0 & 0 & 0 \\ 0 & 0 & 0 \\ 0 & 0 & 0 \end{pmatrix}$　$\cdots\cdots$

練習 30.1 行列 $A = \begin{pmatrix} 2 & -1 \\ 3 & 1 \end{pmatrix}$, $B = \begin{pmatrix} -1 & 0 \\ 2 & 1 \end{pmatrix}$ に対して，次の計算をしなさい.

(1) $-A$ (2) $3B$

(3) $A + B$ (4) $-A + B$

(5) $2A - 3B$ (6) $-2(A + 2B)$

(7) AB (8) BA

(9) A^2 (10) $B(A - B)$

(11) $\dfrac{1}{3}(A^2 - B^2)$ (12) $(A + B)(A - B)$

練習 30.2 次の等式が成り立つように $a, b, \cdots$ などの値を定めなさい.

(1) $\begin{pmatrix} -3 & a \\ 5 & b \end{pmatrix} = \begin{pmatrix} c & -1 \\ d & 0 \end{pmatrix}$

(2) $\begin{pmatrix} 3a + 2 & 2c + 3 \\ 5 & d - 1 \end{pmatrix} = \begin{pmatrix} 2a + 1 & -c - 3 \\ b + 1 & a \end{pmatrix}$

(3) $\begin{pmatrix} p + q & q + r \\ q + r & p + r \end{pmatrix} = \begin{pmatrix} 3 & 4 \\ 4 & -1 \end{pmatrix}$

(4) $\begin{pmatrix} 2 & 5 \\ 1 & 3 \end{pmatrix} \begin{pmatrix} p & q \\ r & s \end{pmatrix} = \begin{pmatrix} 1 & 0 \\ 0 & 1 \end{pmatrix}$

練習 30.3 行列 $A = \begin{pmatrix} 5 & -1 \\ -1 & 3 \end{pmatrix}$, $B = \begin{pmatrix} 0 & 1 \\ 2 & 4 \end{pmatrix}$ とする．次の等式が成り立つ行列 M を求めなさい.

(1) $A + M = B$ (2) $M + 3A = A - B$

(3) $7M + 3B = 2M - A$ (4) $3(M - 2A) = -(M + A + B)$

31 行列式

行列式　2次正方行列 $A = \begin{pmatrix} a_{11} & a_{12} \\ a_{21} & a_{22} \end{pmatrix}$ の行列式 $\det A$ とは

$\det A = a_{11}a_{22} - a_{12}a_{21}$

行列の積と行列式　2次正方行列 $A,\ B$ について $\det(AB) = \det A \times \det B$

逆行列　単位行列 E, 正方行列 $A,\ B$ が

$$AB = BA = E$$

となるとき, B を A の**逆行列**といい, $B = A^{-1}$ と書く.

2次正方行列 $A = \begin{pmatrix} a_{11} & a_{12} \\ a_{21} & a_{22} \end{pmatrix}$ の逆行列は

$$A^{-1} = \frac{1}{\det A} \begin{pmatrix} a_{22} & -a_{12} \\ -a_{21} & a_{11} \end{pmatrix}$$

クラメルの解法

連立方程式 $\begin{cases} a_{11}x + a_{12}y = b_1 \\ a_{21}x + a_{22}y = b_2 \end{cases}$ の係数行列とは $A = \begin{pmatrix} a_{11} & a_{12} \\ a_{21} & a_{22} \end{pmatrix}$

係数行列 A の行列式が 0 でないとき, この連立方程式の解は

$$x = \frac{1}{\det A} \times \det \begin{pmatrix} b_1 & a_{12} \\ b_2 & a_{22} \end{pmatrix}, \quad y = \frac{1}{\det A} \times \det \begin{pmatrix} a_{11} & b_1 \\ a_{21} & b_2 \end{pmatrix}$$

━━━━━━ 練習問題 ━━━━━━

練習 31.1　次の行列の行列式を求めなさい.

(1) $\begin{pmatrix} 1 & 0 \\ 0 & 1 \end{pmatrix}$　　　　　　(2) $\begin{pmatrix} 1 & 2 \\ 3 & 4 \end{pmatrix}$

(3) $\begin{pmatrix} \sqrt{2} & -\sqrt{3} \\ \dfrac{1}{\sqrt{2}} & \dfrac{1}{\sqrt{3}} \end{pmatrix}$　　　(4) $\begin{pmatrix} 3 & -1 \\ 6 & -2 \end{pmatrix}$

(5) $\begin{pmatrix} a & 2 \\ b & 5 \end{pmatrix}$ (6) $\begin{pmatrix} 3a & 8 \\ 3b & 20 \end{pmatrix}$

(7) $\begin{pmatrix} a & 2+6a \\ b & 5+6b \end{pmatrix}$ (8) $\begin{pmatrix} a & b \\ 2 & 5 \end{pmatrix}$

(9) $\begin{pmatrix} a & 2 \\ a^2+b & 2a+5 \end{pmatrix}$ (10) $\begin{pmatrix} a+2b & 2 \\ a^2+2ab+6b & 2a+5 \end{pmatrix}$

練習 31.2 次の行列の逆行列を求めなさい.

(1) $\begin{pmatrix} 2 & 7 \\ 1 & 4 \end{pmatrix}$ (2) $\begin{pmatrix} 2 & 6 \\ 1 & 4 \end{pmatrix}$ (3) $\begin{pmatrix} 2 & -3 \\ 4 & 1 \end{pmatrix}$

(4) $\begin{pmatrix} 3 & 0 \\ 0 & 4 \end{pmatrix}$ (5) $\begin{pmatrix} 1 & 0 \\ 0 & 1 \end{pmatrix}$ (6) $\begin{pmatrix} 0 & 1 \\ 1 & 0 \end{pmatrix}$

(7) $\begin{pmatrix} 3 & -7 \\ -2 & -5 \end{pmatrix}$ (8) $\begin{pmatrix} \cos\theta & -\sin\theta \\ \sin\theta & \cos\theta \end{pmatrix}$ (9) $\begin{pmatrix} a+1 & 2+b^2 \\ -1 & a-1 \end{pmatrix}$

練習 31.3 次の連立方程式をクラメルの解法を用いて解きなさい.

(1) $\begin{cases} 3x + 4y = -2 \\ 2x + 3y = 1 \end{cases}$ (2) $\begin{cases} x + 3y = 5 \\ 3x + 2y = 1 \end{cases}$

(3) $\begin{cases} 2x - y = 0 \\ x + 2y = 5 \end{cases}$ (4) $\begin{cases} -x + 2y = -5 \\ 2x - 3y = -1 \end{cases}$

----------- 演習問題 -----------

演習 70 行列 $A = \begin{pmatrix} -5 & 2 \\ 3 & 5 \end{pmatrix}$, $B = \begin{pmatrix} -1 & 4 \\ 0 & 2 \end{pmatrix}$, $C = \begin{pmatrix} 2 & 0 \\ 0 & -3 \end{pmatrix}$ とする.

(1) $A - (B - 3C)$, $(A + B)C$, $-4AB + 3BC$, $3AB - 5AC$ を計算しなさい.

(2) B^2, B^3, C^2, C^3 を計算しなさい.

(3) C^n がどのようになるか類推し,その理由を述べなさい.

(4) $A + 2M = AB - 2B - M$ をみたす行列 M を求めなさい.

(5) 行列 A, B, C の行列式を求めなさい.

(6) 行列 A, B, C の逆行列を求めなさい.

演習 71 行列 $A = \begin{pmatrix} 2 & p \\ 3 & q \end{pmatrix}$, ベクトル $\boldsymbol{a} = \begin{pmatrix} 2 \\ 3 \end{pmatrix}$, $\boldsymbol{b} = \begin{pmatrix} p \\ q \end{pmatrix}$ とする.
ベクトル $\boldsymbol{a}, \boldsymbol{b}$ が平行であるとき,$\det A = 0$ となることを示しなさい.

演習 72 次のベクトル $\boldsymbol{a}, \boldsymbol{b}, \boldsymbol{c}$ に対して,$\boldsymbol{c} = p\boldsymbol{a} + q\boldsymbol{b}$ となる実数 p, q を求めなさい.

(1) $\boldsymbol{a} = \begin{pmatrix} 1 \\ -1 \end{pmatrix}$, $\boldsymbol{b} = \begin{pmatrix} -2 \\ 3 \end{pmatrix}$, $\boldsymbol{c} = \begin{pmatrix} 0 \\ 1 \end{pmatrix}$

(2) $\boldsymbol{a} = \begin{pmatrix} 3 \\ 4 \end{pmatrix}$, $\boldsymbol{b} = \begin{pmatrix} 2 \\ 3 \end{pmatrix}$, $\boldsymbol{c} = \begin{pmatrix} 1 \\ 3 \end{pmatrix}$

(3) $\boldsymbol{a} = \begin{pmatrix} -2 \\ 5 \end{pmatrix}$, $\boldsymbol{b} = \begin{pmatrix} 3 \\ -9 \end{pmatrix}$, $\boldsymbol{c} = \begin{pmatrix} 1 \\ -1 \end{pmatrix}$

演習 73 行列 $A = \begin{pmatrix} 5 & -3 \\ 4 & 3 \end{pmatrix}$, $B = \begin{pmatrix} b & 0 \\ 0 & b \end{pmatrix}$ とする.

(1) 行列式 $\det (A - B)$ を計算しなさい.

(2) $\det (A - B) = 0$ が成り立つとき,b の値を求めなさい.

付録

ギリシャ文字一覧

小文字	大文字	読み方	小文字	大文字	読み方
α	A	アルファ	ν	N	ニュー
β	B	ベータ	ξ	Ξ	クシー
γ	Γ	ガンマ	o	O	オミクロン
δ	Δ	デルタ	π	Π	パイ
ε	E	イプシロン	ρ	P	ロー
ζ	Z	ゼータ	σ	Σ	シグマ
η	H	イータ	τ	T	タウ
θ	Θ	シータ	υ	Υ	ウプシロン
ι	I	イオタ	φ	Φ	ファイ
κ	K	カッパ	χ	X	カイ
λ	Λ	ラムダ	ψ	Ψ	プサイ
μ	M	ミュー	ω	Ω	オメガ

各種の公式など

指数の性質

$$a^0 = 1, \qquad a^{b+c} = a^b \times a^c, \qquad (a^b)^c = a^{bc}$$

$$0 < a < 1 \quad \text{のとき } a^b < a^c \text{ ならば } b > c$$

$$1 < a \qquad \text{のとき } a^b < a^c \text{ ならば } b < c$$

対数の性質

$$\log_a 1 = 0, \qquad \log_a (bc) = \log_a b + \log_a c, \quad \log_a b^r = r \log_a b,$$

$$\log_a b = \frac{\log_c b}{\log_c a}, \quad \log_a b = \frac{1}{\log_b a}$$

三角関数の基本的な性質

$$\sin^2 x + \cos^2 x = 1, \qquad 1 + \tan^2 x = \frac{1}{\cos^2 x}, \qquad \tan x = \frac{\sin x}{\cos x}$$

$$\sin(-x) = -\sin x, \qquad \cos(-x) = \cos x \qquad \tan(-x) = -\tan x$$

$$\sin(x + \pi) = -\sin x, \qquad \cos(x + \pi) = -\cos x, \qquad \tan(x + \pi) = \tan x$$

$$\sin(x + 2\pi) = \sin x, \qquad \cos(x + 2\pi) = \cos x, \qquad \tan(x + 2\pi) = \tan x$$

$$\sin\left(x + \frac{\pi}{2}\right) = \cos x, \quad \cos\left(x + \frac{\pi}{2}\right) = -\sin x, \quad \tan\left(x + \frac{\pi}{2}\right) = -\frac{1}{\tan x}$$

三角関数の主な値

θ	0	$\dfrac{\pi}{6}$	$\dfrac{\pi}{4}$	$\dfrac{\pi}{3}$	$\dfrac{\pi}{2}$	$\dfrac{2\pi}{3}$	$\dfrac{3\pi}{4}$	$\dfrac{5\pi}{6}$	π
$\sin\theta$	0	$\dfrac{1}{2}$	$\dfrac{1}{\sqrt{2}}$	$\dfrac{\sqrt{3}}{2}$	1	$\dfrac{\sqrt{3}}{2}$	$\dfrac{1}{\sqrt{2}}$	$\dfrac{1}{2}$	0
$\cos\theta$	1	$\dfrac{\sqrt{3}}{2}$	$\dfrac{1}{\sqrt{2}}$	$\dfrac{1}{2}$	0	$-\dfrac{1}{2}$	$-\dfrac{1}{\sqrt{2}}$	$-\dfrac{\sqrt{3}}{2}$	-1
$\tan\theta$	0	$\dfrac{1}{\sqrt{3}}$	1	$\sqrt{3}$		$-\sqrt{3}$	-1	$-\dfrac{1}{\sqrt{3}}$	0

三角関数の加法公式

$$\sin(\alpha \pm \beta) = \sin\alpha\cos\beta \pm \cos\alpha\sin\beta$$

$$\cos(\alpha \pm \beta) = \cos\alpha\cos\beta \mp \sin\alpha\sin\beta$$

$$\tan(\alpha \pm \beta) = \frac{\tan\alpha \pm \tan\beta}{1 \mp \tan\alpha\tan\beta}$$

三角関数のその他の公式

$$\sin 2x \;=\; 2\sin x\cos x$$

$$\cos 2x \;=\; \cos^2 x - \sin^2 x \;=\; 2\cos^2 x - 1 \;=\; 1 - 2\sin^2 x$$

$$\sin^2 x \;=\; \frac{1 - \cos 2x}{2}\;, \qquad \cos^2 x \;=\; \frac{1 + \cos 2x}{2}$$

$$\sin x\sin y \;=\; -\frac{1}{2}\left\{\cos(x + y) - \cos(x - y)\right\}$$

$$\cos x \cos y = \frac{1}{2}\{\cos(x+y) + \cos(x-y)\}$$

$$\sin x \cos y = \frac{1}{2}\{\sin(x+y) + \sin(x-y)\}$$

$$\sin x + \sin y = 2\sin\left(\frac{x+y}{2}\right)\cos\left(\frac{x-y}{2}\right)$$

$$\cos x + \cos y = 2\cos\left(\frac{x+y}{2}\right)\cos\left(\frac{x-y}{2}\right)$$

$$\cos x - \cos y = -2\sin\left(\frac{x+y}{2}\right)\sin\left(\frac{x-y}{2}\right)$$

数列・数列の総和

等差数列: 初項 a, 公差 d の第 n 項 $a_n = a + (n-1)d$

$$\sum_{k=1}^{n} a_k = a_1 + a_2 + \cdots + a_n = \frac{n(a_1 + a_n)}{2} = \frac{n\{2a + (n-1)d\}}{2}$$

等比数列: 初項 b, 公比 r の第 n 項 $b_n = br^{n-1}$

$$\sum_{k=1}^{n} b_k = b_1 + b_2 + \cdots + b_n = b(1 + r + r^2 + \cdots + r^{n-1}) = \frac{b(1 - r^n)}{1 - r}$$

簡単な数列の和:

$$\sum_{k=1}^{n} k = 1 + 2 + 3 + \cdots + n = \frac{n(n+1)}{2}$$

$$\sum_{k=1}^{n} k^2 = 1^2 + 2^2 + 3^2 + \cdots + n^2 = \frac{n(n+1)(2n+1)}{6}$$

$$\sum_{k=1}^{n} k^3 = 1^3 + 2^3 + 3^3 + \cdots + n^3 = \frac{n^2(n+1)^2}{4}$$

$$\left(\sum_{k=1}^{n} k^4 = \frac{n(n+1)(2n+1)(3n^2 + 3n - 1)}{30} \right)$$

総和の性質:

$$\sum_{k=1}^{n} a_k + \sum_{k=1}^{n} b_k = \sum_{k=1}^{n} (a_k + b_k), \quad \sum_{k=1}^{n} (c \times a_k) = c \times \sum_{k=1}^{n} a_k$$

ただし, c は k に無関係な定数.

解答

1.1 (1) -12　(2) 40　(3) 2　(4) 12　(5) $a-21b$　(6) $40A^2+40AB+18B^2$
(7) $8A+12B-25C$

1.2 (1) $2A+3$, $8A-1$, $-15A^2+7A+2$　(2) $-a-3b+1$, $-3a+3b+1$,
$-2a^2+6ab+a-3b$　(3) $8A-4B$, $2A-8B$, $15A^2-8AB-12B^2$　(4) $2A^2B$,
$2AB^2$, $A^2B^2(A^2-B^2)$

1.3 (1) $5x^3-3x^2-2x-3$, 3　(2) $11A^2+16A$, 2　(3) $9x^4-33x^2$, 4　(4) AB^4,
1, 4　(5) $12X^2Y^2-6XY^3$, 2, 3

1.4 (1) $5b-7$　(2) m^2+2m　(3) $-x^2+2x+xy-y$　(4) x^2+3x+6

1.5 (1) $\dfrac{-3B+3}{5}$　(2) $\dfrac{a-5b}{5}$　(3) $\dfrac{2a+5x}{4}$　(4) $\dfrac{8A+3}{12}$

2.1 (1) $-\dfrac{7}{6}$　(2) $\dfrac{160}{27}$　(3) $-\dfrac{9}{4}$　(4) $\dfrac{1}{4}$　(5) $\dfrac{65}{72}$　(6) $\dfrac{2}{9}$

(7) $\dfrac{5A^2+A+15}{5A}$　(8) 4　(9) $1-4A$　(9) $\dfrac{x-1}{x}$

2.2 (1) $\dfrac{2}{5}$　(2) $\dfrac{1}{10}$　(3) 36　(4) $\dfrac{18}{5}$　(5) $\dfrac{4}{3}$　(6) $\dfrac{14}{3}$　(7) $\dfrac{1}{34}$　(8) $\dfrac{25}{4}$

(9) $\dfrac{9}{20}$　(10) -2　(11) $\dfrac{7}{12}$

2.3 (1) $\dfrac{a^2+3}{a}$　(2) $\dfrac{A^3+B^3}{AB}$　(3) $\dfrac{4x+y+2}{2xy}$　(4) $\dfrac{X^3Y^4+X^3+1}{X^2Y^2}$

(5) $\dfrac{-18A^3-8}{3A}$

2.4 (1) $\dfrac{9}{5}b-\dfrac{3}{4}$　(2) $-\dfrac{3}{35}b+\dfrac{10}{7}$　(3) $\dfrac{10}{3}a-\dfrac{8}{3}$　(4) $\dfrac{9}{2}a-10$　(5) $-\dfrac{2}{5}x$

3.1 (1) $f(x)=3x-4$　(2) $f(x)=\dfrac{5}{3}x^2$　(3) $f(x)=x+7$　(4) $f(x)=\dfrac{5}{2}x$

(5) $f(x)=\dfrac{4}{3}x+\dfrac{7}{3}$

3.2 (1) 11　(2) 17　(3) 2　(4) 5　(5) $\dfrac{5}{12}$　(6) 60　(7) $-\dfrac{8}{5}$　(8) $\dfrac{29}{12}$

(9) $\dfrac{65}{12}$　(10) $\dfrac{9}{5}$

3.3 省略

3.4 (1) $y=-3x$　(2) $y=2x-1$　(3) $y=-\dfrac{3}{2}x+3$　(4) $y=1$

3.5 (1) $5a-8$　(2) b^2-b+1　(3) 5　(4) $2c^{-2}+c^2-3$　(5) x^4-5x^2+1
(6) x^6+x^{-6}

4.1 1, 4

4.2 省略

4.3 (1) x^2+6x+9　(2) z^2-4z+4　(3) X^2-4　(4) $5a^2-25b^2$　(5) A^2-6A-7

(6) $x^2 - 2x - 15$　　(7) $6t^2 + 23t + 20$　　(8) $P^2 - 6Px + 8x^2$　　(9) $8a^3 + 12a^2 + 6a + 1$

(10) $125x^3 - 150x^2 + 60x - 8$　　(11) $x^3 - 27$　　(12) $8x^3 + 1$

4.4 (1) 10201　　(2) 9801　　(3) 9999　　(4) 875　　(5) $3 + 2\sqrt{2}$　　(6) $9 - 4\sqrt{5}$

4.5 (1) 15　　(2) 1　　(3) 17　　(4) -6　　(5) -3　　(6) 12

4.6 (1) $A^4 - 2A^2B^2 + B^4$　　(2) $a^2 + 2ab + b^2 - 2a - 2b + 1$　　(3) $A^2 - B^2 - C^2 + 2BC$

(4) $1 - 16r^4$

4.7 (1) $2x^2 - 3x$　　(2) $2x^2 - 5x + 2$　　(3) $2x^2 + 5x + 2$　　(4) $4x^2$　　(5) $4x^4 - 29x^2 + 25$

(6) $8x^4 + 24x^3 + 24x^2 + 9x$

5.1 (1) 5　　(2) 12　　(3) 2　　(4) 63　　(5) 0.1　　(6) $\dfrac{1}{3}$　　(7) $\dfrac{6}{5}$　　(8) $\dfrac{1}{4}$　　(9) $\dfrac{9}{20}$

5.2 (1) 6　　(2) 6　　(3) $\sqrt{3}$　　(4) $5\sqrt{5}$　　(5) $2\sqrt{2}$　　(6) $12\sqrt{3}$　　(7) 15　　(8) 5

5.3 (1) $\dfrac{5\sqrt{3}}{3}$　　(2) $\dfrac{3\sqrt{2}}{2}$　　(3) $\dfrac{2\sqrt{3} + 3\sqrt{2}}{6}$　　(4) $3\sqrt{2} + 3$　　(5) $\dfrac{7\sqrt{5} - 15}{4}$

(6) $\sqrt{10} - \sqrt{5} - 2\sqrt{2} + 2$

5.4 (1) $\dfrac{3\sqrt{2} + 2\sqrt{3}}{6}$　　(2) $\sqrt{2} - 4$　　(3) $\dfrac{7\sqrt{10}}{10}$　　(4) $2\sqrt{3} - 5$　　(5) $\sqrt{3} + \dfrac{3}{2}$

5.5 (1) $6 - \sqrt{3}$　　(2) $2\sqrt{2} - 1$　　(3) $\sqrt{5} - 2$　　(4) $\sqrt{5} + 1$　　(5) $\sqrt{3} - 1$

(6) $\sqrt{3} + \sqrt{2}$

5.6 23

5.7 (1) $\dfrac{A - 16}{2}$　　(2) $-\sqrt{5 - B}$　　(3) $-\dfrac{5}{3}b$　　(4) $\dfrac{25}{9}A$

6.1 (1) $-x(2x + 5)$　　(2) $2(2x + 1)(2x - 3)$　　(3) $(2a - b)(5x + 3y)$　　(4) $(a - 3b)(x - 1)$

(5) $(x + 2)^2$　　(6) $x(x - 2)^2$　　(7) $(x + 4)^2$　　(8) $(x - 4)^2$　　(9) $(x + 1)(x + 3)$

(10) $(x + 5)(x - 1)$　　(11) $(x + 6)(x - 2)$　　(12) $(x - 6)(x + 2)$　　(13) $(X + 9)(X - 4)$

(14) $(P - 4)(P - 9)$　　(15) $(B - 12)(B + 3)$　　(16) $(q - 12)(q - 3)$

6.2. (1) $(x + 3y)^2$　　(2) $(x + 8y)(x - 2y)$　　(3) $(x + 8y)(x - y)$　　(4) $(A - 3B)(A - 4B)$

(5) $(x + 5)(x - 5)$　　(6) $3x(x - 1)(x + 1)$　　(7) $(x - 1)(x^2 + x + 1)$

(8) $(a - 4b)(a^2 + 4ab + 16b^2)$　　(9) $(a + 1)^3$　　(10) $(t - 2)^3$　　(11) $(3A + B)(A + 3B)$

(12) $(3s + t)(s - 3t)$　　(13) $(2a + 15b)(a - b)$　　(14) $(2x - 5y)(x - 3y)$

6.3 (1) $(x + 3)^2$　　(2) $(X - Y + 2)(X - Y - 4)$　　(3) $(t - 1)(t^2 + 4t + 7)$

(4) $(A^2 + 2)(A + 1)(A - 1)$　　(5) $(x - 1)(x + 1)(x^2 + 1)$　　(6) $(t^2 + t + 1)(t^2 - t + 1)$

(7) $(2x - y - 3)(2x - y + 2)$　　(8) $(x - y + 4)(x - y - 1)$　　(9) $(x + 2)(x + y)$

(10) $(x + 4)(x + y + 1)$　　(11) $(x - 3)(x + y)$　　(12) $(x - 1)(x + y + 2)$

6.4 (1) $\sqrt{6} + 1$　　(2) $\sqrt{7} - 1$　　(3) $2\sqrt{2} + \sqrt{3}$　　(4) $2\sqrt{3} - \sqrt{2}$　　(5) $\sqrt{3} + \sqrt{2}$

(6) $\sqrt{5} - \sqrt{2}$

6.5 (1) $3P - 2Q$　　(2) P^2　　(3) PQ　　(4) $P^2 - 2Q$

6.6 (1) $(x + 1)^2 + 3$　　(2) $(x + 2)^2 + 1$　　(3) $(x - 2)^2 + 2$　　(4) $(x + 3)^2$

(5) $-(x - 3)^2 + 8$　　(6) $\left(x + \dfrac{5}{2}\right)^2 - \dfrac{21}{4}$　　(7) $2(x + 1)^2 + 1$　　(8) $\left(x + \dfrac{1}{2}\right)^2 - \dfrac{25}{4}$

7.1 (1) $5,\ 3$ (2) $4,\ 0$ (3) $\dfrac{1}{4},\ \dfrac{13}{4}$ (4) $\dfrac{7}{3},\ 2$ (5) $x+3,\ 1$ (6) $t+2,\ 3$

(7) $5y-2,\ 1$ (8) $-\dfrac{3}{4}x-\dfrac{11}{16},\ \dfrac{65}{16}$

7.2 (1) $x^2+x+1,\ x$ (2) $t,\ 1$ (3) $u+1,\ 2u+2$ (4) $L^3-L^2+L,\ 0$

7.3 (1) -2 (2) $-2,\ 1$ (3) $1,\ -2$ (4) $-\dfrac{1}{2}$

7.4 (1) x^2+5x (2) $3t+2$ (3) $3u^2+4u+1$ (4) $-x^2+6x+2$
(5) $3x^3-x^2+5x+4$

7.5 (1) 2 (2) 3 (3) 0 (4) 0

7.6 (1) 2 (2) -2 (3) $-\dfrac{4}{3}$ (4) $-\dfrac{3}{2}$

7.7 (1) $(x-1)(x^2+x+8)$ (2) $(t-1)(t^2+1)$ (3) $(x-1)^2(x+2)$
(4) $(x-1)(x-2)(x+4)$

8.1 (1) $\dfrac{7x^2}{10ay}$ (2) $\dfrac{1}{x(x-1)}$ (3) $\dfrac{3}{x^2}$ (4) $\dfrac{1}{x-1}$ (5) x^2+x (6) $\dfrac{1}{x^2+x+1}$

(7) $\dfrac{17}{3x}$ (8) $\dfrac{2x+y}{xy}$ (9) $\dfrac{2+x^2}{2x}$ (10) $\dfrac{5x-18}{15x}$ (11) $\dfrac{x^2+2x+4}{x(x+2)}$

(12) $\dfrac{2x+2}{(x-1)(x+3)}$ (13) $\dfrac{2x+3y}{x^2y^2}$ (14) $\dfrac{x-2y^2}{x^2y^3}$ (15) $\dfrac{4x+3}{(x+1)^2}$ (16) $\dfrac{3x+2}{(x+1)^3}$

(17) $\dfrac{-A^2+A+1}{A(A+1)}$ (18) $\dfrac{-x}{(x-3)(x+1)}$ (19) $\dfrac{A^2+A+1}{A+1}$ (20) $\dfrac{2}{t^2-1}$

8.2 (1) $\dfrac{-2}{x(x-1)(x-3)}$ (2) $\dfrac{x^2+3x+3}{(x+1)^2(x+2)}$ (3) $\dfrac{x+2}{x^3-1}$

(4) $\dfrac{2x}{(x-1)^2(x+1)}$ (5) $\dfrac{2x}{(x-2)(x+2)^2}$ (6) $\dfrac{x^2+3x-2}{(x-2)(x+2)(x+3)}$

8.3 (1) $2x+2\sqrt{x^2-1}$ (2) $2x-2$ (3) $\dfrac{2}{x-1}$ (4) $\dfrac{2\sqrt{x}}{x-y}$

8.4. (1) $\dfrac{-3X+2}{X^2+5}$ (2) $\dfrac{A}{A-1}$ (3) $\dfrac{9}{4}x+\dfrac{13}{4}$ (4) $x-2$ (5) $\dfrac{1}{x}$ (6) $\sqrt{1-X^2}$

9.1 $1,\ 2,\ 6$

9.2 (1) -3 (2) 2 (3) 4 (4) $\dfrac{1}{6}$ (5) $\dfrac{5}{3}$ (6) 4 (7) $\dfrac{6-2a}{5+a}$

9.3 (1) ± 4 (2) $-5,\ -9$ (3) 2 (4) $1,\ 5$

9.4 (1) 1 (2) ± 3 (3) $-1,\ 5$ (4) $-2,\ 6$ (5) $3,\ -4$ (6) $\dfrac{2}{3},\ -\dfrac{3}{2}$

9.5 (1) $0,\ 9$ (2) $2,\ 3$ (3) $-3\pm\sqrt{3}$ (4) $\dfrac{-5+\sqrt{17}}{4}$

9.6 (1) $\pm 2\sqrt{5}$ (2) $\dfrac{-1\pm\sqrt{5}}{2}$ (3) $2,\ -3$

9.7 (1) $\dfrac{3 \pm \sqrt{5}}{2}$　　(2) 1

10.1 (1) 重解　(2) 実数解なし　(3) 実数解なし　(4) 異なる 2 実数解　(5) 実数解なし　(6) 異なる 2 実数解

10.2 (1) 4, 5　(2) $\dfrac{9 \pm \sqrt{21}}{2}$　(3) $\dfrac{5 \pm \sqrt{5}}{2}$　(4) 3, 4　(5) $5 \pm \sqrt{2}$

10.3 (1) 2, 1　(2) $-5, -1$　(3) 0, -13　(4) $\dfrac{3}{2}, -3$　(5) 2, -5　(6) 1, -1

10.4 (1) $x^2 - 3x + 2 = 0$　(2) $x^2 + 5x = 0$　(3) $6x^2 - 17x + 5 = 0$
(4) $x^2 - 2x - 2 = 0$　(5) $x^2 = 0$　(6) $x^2 - (\sqrt{2} + \sqrt{5})x + \sqrt{10} = 0$
(7) $x^2 - 6x + 9 = 0$　(8) $x^2 - (2\sqrt{2} - 2)x + 3 - 2\sqrt{2} = 0$

10.5 (1) $3x^2 - 2x - 3 = 0$　(2) $3x^2 + 4x - 12 = 0$　(3) $3x^2 - 4x - 2 = 0$
(4) $x^2 + 4x - 6 = 0$　(5) $9x^2 - 22x + 9 = 0$　(6) $3x^2 + 5x + 2 = 0$

10.6 (1) 0　(2) 9　(3) 19　(4) 29　(5) -72　(6) 15　(7) $-\dfrac{19}{5}$　(8) $\dfrac{25}{19}$

11.1 (1) $x = 3, y = 2$　(2) $x = -1, y = -2$　(3) $x = \dfrac{7}{5}, y = \dfrac{3}{5}$　(4) $x = \dfrac{11}{7},$
$y = -\dfrac{6}{7}$　(5) $x = 3, y = 0, z = 2$　(6) $x = 2, y = 3, z = 5$

11.2 (1) $A = 2, B = -1$　(2) $A = 5, B = -3$　(3) $A = 3, B = 5, C = 0$
(4) $A = 0, B = 0, C = 0$　(5) $A = 1, B = 7, C = 5$　(6) $A = 1, B = -2,$
$C = 1$　(7) $A = 3, B = 8, C = 6$　(8) $A = 3, B = -3, C = -11$

11.3 (1) $A = 1, B = -1$　(2) $A = 1, B = 2$　(3) $A = -1, B = 2$　(4) $A = \dfrac{1}{7},$
$B = -\dfrac{1}{7}$　(5) $A = \dfrac{21}{4}, B = -\dfrac{5}{4}$

11.4 (1) $\dfrac{1}{2}\left(\dfrac{1}{x-1} - \dfrac{1}{x+1}\right)$　(2) $\dfrac{1}{5}\left(\dfrac{1}{x-2} - \dfrac{1}{x+3}\right)$
(3) $\dfrac{1}{2}\left(-\dfrac{1}{x} + \dfrac{7}{x+2}\right)$　(4) $\dfrac{-4}{x+2} + \dfrac{6}{x+3}$　(5) $\dfrac{1}{5}\left(\dfrac{1}{x-4} - \dfrac{1}{x+1}\right)$
(6) $\dfrac{1}{3}\left(\dfrac{2}{x-3} + \dfrac{1}{x+3}\right)$

12.1 (1) $a_n = 2n - 1$　(2) $a_n = 2n + 2$　(3) $a_n = 4n - 3$　(4) $a_n = 2^n$
(5) $a_n = -3n + 93$　(6) $a_n = \dfrac{1}{2^n}$

12.2 (1) $1 + 2 + 3 + \cdots + 10$　(2) $3 + 4 + 5 + 6 + 7 + 8$　(3) $1^2 + 2^2 + 3^2 + \cdots + 10^2$
(4) $2^2 + 3^2 + 4^2 + \cdots + 9^2$　(5) $2 + 4 + 6 + \cdots + 18 + 20$　(6) $3 + 4 + 5 + \cdots + 11 + 12$
(7) $5 + 8 + 11 + \cdots + 23 + 26$　(8) $7 + 6 + 5 + \cdots + 1 + 0$　(9) $1 + 3 + 7 + 13 + 21$

12.3 (1) $\displaystyle\sum_{k=1}^{100} k$　(2) $\displaystyle\sum_{k=3}^{56} k$　(3) $\displaystyle\sum_{k=1}^{10}(2k)$　(4) $\displaystyle\sum_{k=1}^{16}(2k-1)$　(5) $\displaystyle\sum_{k=1}^{9}(2k-1)^3$

(6) $\displaystyle\sum_{k=1}^{50} a_k$ (7) $\displaystyle\sum_{k=4}^{16} b_k$ (8) $\displaystyle\sum_{k=1}^{10} c_{2k}$ (9) $\displaystyle\sum_{k=0}^{11} 2^k$ (10) $\displaystyle\sum_{k=0}^{11} (2^k + 1)$

12.4 (1) 20100   (2) 11325   (3) 8775   (4) 1625   (5) 2870   (6) 9455

(7) 6585   (8) 2585   (9) 3025   (10) 2925   (11) 213200

12.5 (1) $a_n = n$ (2) $a_n = 5 - 2n$ (3) $a_n = -53 + 3n$ (4) $a_n = 3 \times 2^{n-1}$

(5) $a_n = (-1)^{n-1}$ (6) $a_n = \dfrac{20}{2^n}$

12.6 (1) 5050   (2) 400   (3) 660   (4) 1430   (5) 1023   (6) $\dfrac{3069}{64}$

12.7 (1) 403   (2) 260   (3) $\dfrac{683}{1024}$ (4) 2550   (5) 1600   (6) n^2 (7) $n^2 + 6n$

(8) $\dfrac{-3n^2 - n}{2}$ (9) 2680

13.1 省略

13.2 (1) $y = 3x - 17$ (2) $y = 3x + 2$ (3) $y = -3x + 2$ (4) $y = -3x - 2$

(5) $y = 3x + 5$

13.3 省略

13.4. (1) $y = 3x - 1$ (2) $y = -\dfrac{3}{2}x + \dfrac{5}{2}$ (3) $\left(\dfrac{7}{9}, \ \dfrac{4}{3}\right)$

13.5 (1) $\left(-\dfrac{4}{5}, \ \dfrac{13}{5}\right)$ (2) $\left(\dfrac{4}{5}, \ -\dfrac{1}{5}\right)$

13.6 省略

14.1 省略

14.2 (1) $y = 2(x - 1)^2$ (2) $y = 2x^2 - 3$ (3) $y = 2(x + 3)^2 + 2$ (4) $y = -2(x - 2)^2$

14.3 省略

14.4 (1) $(-1, 1)$ (2) $(1, -3)$ (3) $(-2, -9)$ (4) $\left(\dfrac{1}{2}, \ \dfrac{9}{2}\right)$

14.5 (1) $y = x^2 - x$ (2) $y = -x^2 - x$ (3) $y = -x^2 + 11x - 31$

(4) $y = x^2 + 5x + 6$

14.6 省略

14.7 (1) $\left(\pm\dfrac{1}{\sqrt{5}}, \ 0\right)$, $(0, \ -1)$ (2) $(0, \ 0)$, $(2, \ 0)$ (3) $(5, \ 0)$, $(-1, \ 0)$, $(0, \ -5)$ (4) $\left(-1 \pm \sqrt{2}, \ 0\right)$, $(0, \ -1)$

14.8 (1) $y = 2x^2 - 8x + 9$ (2) $y = -3x^2 + 15x - 12$ (3) $y = 5x^2 - 2x - 2$

14.9 (1) $y = 3x^2 - 6x + 3$ (2) $y = -4(x - 1)(x - 3)$

15.1 (1) $(x + 1)^2 + (y + 2)^2 = 2$ (2) $x^2 + y^2 = 9$ (3) $x^2 + y^2 = 5$

(4) $(x + 3)^2 + (y - 1)^2 = 10$ (5) $(x + 1)^2 + (y - 2)^2 = 40$ (6) $(x - 3)^2 + y^2 = 9$

15.2 (1) 中心 $(1, \ 0)$, 半径 2   (2) 中心 $(-1, \ 1)$, 半径 3   (3) 中心 $(3, \ 1)$, 半径

2 　(4) 中心 $(-2,\ 3)$, 半径 $3\sqrt{3}$ 　(5) 中心 $\left(-4,\ \dfrac{3}{2}\right)$, 半径 $\dfrac{5}{2}$

15.3 (1) $(1,\ \pm 2\sqrt{2})$ 　(2) $\left(-\dfrac{1}{\sqrt{2}},\ \pm\dfrac{1}{\sqrt{2}}\right)$ 　(3) $(\pm 1,\ 1)$

(4) $\left(\pm\dfrac{\sqrt{15}}{2},\ -\dfrac{1}{2}\right)$ 　(5) $\left(\dfrac{3}{2},\ 1\pm\dfrac{\sqrt{3}}{2}\right)$ 　(6) $(3,\ -3\pm\sqrt{3})$

(7) $(\sqrt{3},\ \sqrt{2}-1)$

15.4 (1) $\left(\pm\dfrac{\sqrt{2}}{2},\ \mp\dfrac{\sqrt{2}}{2}\right)$ 　(2) $\left(\pm\dfrac{\sqrt{3}}{2},\ \dfrac{1}{2}\right)$ 　(3) $\left(\dfrac{3}{2},\ \pm\dfrac{\sqrt{7}}{2}\right)$ 　(4) $(1,\ 1)$

(5) 交点なし 　(6) $\left(\pm\dfrac{2}{\sqrt{5}},\ \pm\dfrac{4}{\sqrt{5}}\right)$ 　(7) $(0,\ 0)$. 　$\left(\dfrac{7}{5},\ \dfrac{21}{5}\right)$

(8) $\left(\pm\dfrac{6}{\sqrt{13}},\ \pm\dfrac{6}{\sqrt{13}}\right)$ 　(9) $\left(\pm\dfrac{9}{8}\sqrt{7},\ \dfrac{1}{2}\right)$

16.1 (1) 200 　(2) -8 　(3) 5 　(4) 2 　(5) 4 　(6) $\dfrac{1}{32}$ 　(7) $\dfrac{1}{2}$ 　(8) 4

(9) $\dfrac{1}{64}$ 　(10) x^5 　(11) A^2 　(12) x^8

16.2 (1) a^7 　(2) a^8 　(3) a^2 　(4) $a^{\frac{3}{5}}$ 　(5) $a^{\frac{3}{4}}$ 　(6) $a^{\frac{11}{6}}$

16.3 (1) 6×10^4 　(2) 2×10^{-2} 　(3) 3×10^4 　(4) 5×10^{-6} 　(5) 8×10^5

(6) 8.1×10^4 　(7) 1.02×10^{15} 　(8) 4.95×10^3

16.4 (1) 2^3 　(2) $2^3\times 3^2$ 　(3) $2^2\times 3^2\times 10$ 　(4) $2^{-1}\times 10$ 　(5) $2^{-2}\times 10^2$

(6) $2^3\times 3^{-2}\times 10^{-1}$ 　(7) $2^{-2}\times 3$ 　(8) $2^2\times 3^3\times 10^{-2}$

16.5 (1) 8 　(2) 23 　(3) 11 　(4) 13

16.6 省略

16.7 (1) $y=3^{x-3}$ 　(2) $y=3^x+2$ 　(3) $y=3^{x+2}+1$ 　(4) $y=3^{-x}$

(5) $y=-3^{-x}$

16.8 省略

16.9 省略

16.10 (1) 3 　(2) $0,\ 4$ 　(3) $0,\ 2$ 　(4) 2 　(5) $2,\ 3$ 　(6) 3 　(7) 1 　(8) $1,\ 2$

17.1 (1) $3=\log_2 8$ 　(2) $0=\log_5 1$ 　以下省略

17.2 (1) $2^3=8$ 　(2) $10^0=1$ 　以下省略

17.3 (1) 3 　(2) 0 　(3) 0 　(4) 2 　(5) 3 　(6) 5 　(7) 2 　(8) -1 　(9) -2

(10) 7 　(11) 5 　(12) $\dfrac{1}{2}$ 　(13) -2 　(14) -1 　(15) -1 　(16) $\dfrac{1}{10}$ 　(17) $3\sqrt{3}$

(18) $\dfrac{1}{\sqrt{5}}$ 　(19) -3 　(20) $\dfrac{1}{3}$ 　(21) $\dfrac{1}{2}$

17.4 (1) 5 　(2) 2 　(3) 4 　(4) 4 　(5) $\dfrac{9}{2}$ 　(6) 2 　(7) 2 　(8) 3 　(9) 1

(10) 20   (11) $\dfrac{3}{2}$ (12) $\log_{10} 2$

17.5 省略

17.6 (1) 32   (2) 5   (3) 3, -3 (4) 1, -9 (5) 4   (6) 2

17.7 (1) 81   (2) 3, -5

17.8 (1) $A = \log_3 B$ (2) $B = (2A+1)\log_3 2 - 1$ (3) $x = \log_3(y^2 - 1)$

18.1 (1) $2a$ (2) $1+a$ (3) $3a$ (4) $2+a$ (5) $4a$ (6) $3+2a$ (7) $-a$
(8) $1-a$ (9) $3-2a$

18.2 (1) $2a$ (2) $a+b$ (3) $2b$ (4) $2a+b$ (5) $1+a+b$ (6) $a-b$
(7) $4a-b$ (8) $3a-2b$ (9) $-3a+2b$ (10) $1-4b$ (11) $1-b$ (12) $1-a$
(13) $3-a$ (14) $1-a+2b$ (15) $-1+2b$ (16) $-1+a+2b$ (17) $-a+2b-1$
(18) $-1+2a+b$

18.3 (1) $X+Y+Z$ (2) $2X-5Y+3Z$ (3) $-2X+3Y+Z$ (4) $X+\dfrac{Y}{2}-Z$
(5) $-\dfrac{X}{2}+3Y+\dfrac{Z}{2}$ (6) $\dfrac{2}{3}X+4Y-3Z$

18.4 (1) 0.602   (2) 0.778   (3) 0.903   (4) 3.413   (5) 0.699   (6) 0.523
(7) 0.176   (8) 0.079   (9) -0.903 (10) 15.05   (11) 8.8   (12) 77.8

18.5 (1) 6   (2) 4   (3) 1   (4) 20

18.6 (1) 16   (2) 24   (3) 35   (4) 59   (5) 4   (6) 8

18.7 (1) 64   (2) 40   (3) 36   (4) 28   (5) 38   (6) 17

19.1 省略

19.2 (1) $y = \log_3(x-3)$ (2) $y = \log_3 x + 2$ (3) $y = \log_3(x+2)+1$
(4) $y = \log_3(x-3)+1$ (5) $y = -\log_3 x$ (6) $y = \log_3(-x)$ (7) $y = -\log_3(-x)$

19.3 (1) y 軸方向に -5 平行移動   (2) y 軸方向に $+1$ 平行移動   (3) x 軸方向に -7 平行移動し, y 軸方向に $+9$ 平行移動   (4) x 軸方向に $+2$ 平行移動し, y 軸方向に $+1$ 平行移動   (5) y 軸に関して対称移動   (6) x 軸に関して対称移動

19.4 省略   **19.5** 省略   **19.6** 省略

20.1 (1) $\dfrac{\pi}{4}$ (2) $\dfrac{\pi}{6}$ (3) $\dfrac{\pi}{2}$ (4) $\dfrac{\pi}{3}$ (5) $\dfrac{3\pi}{4}$ (6) $\dfrac{3\pi}{2}$ (7) $\dfrac{5\pi}{6}$ (8) $10°$
(9) $105°$ (10) $300°$ (11) $210°$ (12) $270°$

20.2 (1) 1   (2) $-\dfrac{\sqrt{3}}{2}$ (3) $\dfrac{\sqrt{3}}{2}$ (4) $\dfrac{1}{\sqrt{3}}$ (5) 1   (6) $-\dfrac{\sqrt{2}}{2}$ (7) 0   (8) $-\dfrac{1}{2}$
(9) 1   (10) $-\sqrt{3}$ (11) 0   (12) $-\dfrac{1}{2}$

20.3 省略

20.4 省略

20.5 (1) $\sin\alpha = \dfrac{4}{5}$, $\tan\alpha = \dfrac{4}{3}$ (2) $\cos\beta = -\dfrac{2\sqrt{2}}{3}$, $\tan\beta = -\dfrac{1}{2\sqrt{2}}$

20.6 (1) $\dfrac{\pi}{4}$　(2) $\dfrac{\pi}{3}$　(3) $\dfrac{2\pi}{3}$　(4) $\dfrac{7\pi}{4}$　(5) $\dfrac{2\pi}{3}$　(6) $\dfrac{\pi}{2}$

21.1 (1) $y = -\cos x$　(2) $y = \sin\left(x + \dfrac{\pi}{4}\right)$　(3) $y = -\sin x$　(4) $y = -\sin x$

(5) $y = -\sin x$　(6) $y = -\cos x$　(7) $y = \tan x$　(8) $y = \tan x$

21.2 省略

21.3 省略

21.4 (1) π　(2) $\dfrac{\pi}{4}$　(3) 4π　(4) 6π　(5) π　(6) 2π　(7) 2π　(8) π

(9) 6π　(10) $\dfrac{3\pi}{2}$

21.5 (1) $\dfrac{\pi}{2}, \dfrac{3\pi}{2}$　(2) $\dfrac{\pi}{6}, \dfrac{5\pi}{6}$　(3) 0　(4) $\dfrac{\pi}{2}, \pi$　(5) $\dfrac{\pi}{3}$　(6) $\dfrac{\pi}{8}, \dfrac{3\pi}{8}$　(7) $\dfrac{\pi}{2},$

$\dfrac{5\pi}{6}$　(8) $\dfrac{\pi}{4}, \dfrac{3\pi}{4}, \dfrac{5\pi}{4}, \dfrac{7\pi}{4}$　(9) $\dfrac{\pi}{3}, \dfrac{5\pi}{3}$　(10) $\dfrac{3\pi}{2}$

22.1 (1) 0　(2) $\dfrac{\sqrt{3}}{2}$　(3) $-\sin\theta$　(4) $\sin\theta$　(5) $\dfrac{\sqrt{2}+\sqrt{6}}{4}$　(6) $2 + \sqrt{3}$

(7) $\sin\theta$　(8) $-\cos\theta$　(9) $\tan\theta$　(10) $\dfrac{1 + \sqrt{3}\tan\theta}{\sqrt{3} - \tan\theta}$　(11) $\dfrac{\sqrt{2}+\sqrt{6}}{4}$

(12) $2 - \sqrt{3}$

22.2 (1) $\dfrac{4}{5}$　(2) $-\dfrac{4}{3}$　(3) $-\dfrac{4}{5}$　(4) $-\dfrac{7\sqrt{2}}{10}$　(5) $\dfrac{48 - 25\sqrt{3}}{39}$　(6) $\dfrac{3}{4}$　(7) $\dfrac{\sqrt{7}}{4}$

(8) $\dfrac{3}{\sqrt{7}}$　(9) $\dfrac{3}{4}$　(10) $\dfrac{\sqrt{21}-3}{8}$　(11) $\dfrac{4\sqrt{7}-9}{20}$　(12) $\dfrac{-3\sqrt{7}+12}{20}$

22.3 (1) $-\dfrac{\sqrt{2}}{2}\sin\theta + \dfrac{\sqrt{2}}{2}\cos\theta$　(2) $\dfrac{\sqrt{3}}{2}\sin\theta - \dfrac{1}{2}\cos\theta$　(3) $-\sin\theta + \sqrt{3}\cos\theta$

(4) $\dfrac{1}{2}\sin\theta - \dfrac{1}{2}\cos\theta$　(5) $\dfrac{\sqrt{3}}{2}\sin 2\theta + \dfrac{1}{2}\cos 2\theta$　(6) $-\dfrac{1}{2}\sin 2\theta + \dfrac{\sqrt{3}}{2}\cos 2\theta$

22.4 (1) $\sqrt{2}\sin\left(\theta + \dfrac{\pi}{4}\right)$　(2) $\sqrt{2}\sin\left(\theta + \dfrac{3\pi}{4}\right)$　(3) $2\sin\left(\theta + \dfrac{\pi}{3}\right)$　(4) $2\sin\left(\theta + \dfrac{5\pi}{6}\right)$

(5) $\sqrt{2}\sin\left(\theta - \dfrac{\pi}{4}\right)$　(6) $2\sin\left(\theta + \dfrac{2\pi}{3}\right)$

22.5 (1) $\dfrac{7\pi}{12}$　(2) $\dfrac{\pi}{2}, \dfrac{3\pi}{4}$　(3) $\dfrac{\pi}{4}$　(4) $\dfrac{\pi}{4}, \dfrac{3\pi}{4}, \dfrac{5\pi}{4}, \dfrac{7\pi}{4}$

22.6 (1) $\dfrac{\pi}{3}$　(2) $0, \dfrac{\pi}{2}$　(3) $\dfrac{\pi}{6}, \dfrac{5\pi}{6}$

23.1 省略

23.2 (1) $\dfrac{2}{\sqrt{5}}$　(2) $\dfrac{1}{\sqrt{5}}$　(3) $\dfrac{4}{5}$　(4) $\dfrac{3}{5}$　(5) $\dfrac{4}{3}$

23.3 (1) $\dfrac{\sqrt{2+\sqrt{2}}}{2}$　(2) $\dfrac{\sqrt{2}-\sqrt{6}}{4}$　(3) $1 - \sqrt{2}$　(4) $-\dfrac{\sqrt{2+\sqrt{2}}}{2}$　(5) $2 + \sqrt{3}$

$(6) -\dfrac{\sqrt{2+\sqrt{2}}}{2}$

23.4 $(1) \dfrac{\sqrt{6}}{2}$ $(2) \dfrac{\sqrt{2}}{2}$ $(3)\ 0$ $(4) \dfrac{\sqrt{2}}{2}$ $(5) -\dfrac{\sqrt{2}}{2}$ $(6) -\dfrac{\sqrt{6}}{2}$ $(7) \dfrac{\sqrt{3}-1}{4}$

$(8) \dfrac{\sqrt{2}-2}{4}$ $(9) \dfrac{1-\sqrt{3}}{4}$

23.5 省略

23.6 $(1)\ 0, \dfrac{\pi}{3}, \pi, \dfrac{5\pi}{3}$ $(2)\ 0, \dfrac{2\pi}{3}, \dfrac{4\pi}{3}$ $(3)\ 0, \dfrac{2\pi}{5}, \dfrac{\pi}{3}$ $(4)\ 0, \dfrac{\pi}{2}$ $(5)\ \dfrac{\pi}{4}, \dfrac{3\pi}{4}$

23.7 $(1) -\dfrac{\pi}{3}, \dfrac{\pi}{3}$ $(2)\ \dfrac{\pi}{6}, \dfrac{5\pi}{6}$

24.1 $(1)\ 6 < 3A < 15$ $(2) -5 < 5B < 15$ $(3) -10 < -2A < -4$

$(4) -9 < -3B < 3$ $(5) -2 < 2A - 6 < 4$ $(6) -1 < 3B + 2 < 11$

$(7)\ 5 < A^2 + 1 < 26$ $(8)\ 0 \leqq B^2 < 9$ $(9) -1 \leqq B^2 - 1 < 8$

24.2 $(1) -5C \leqq -8$ $(2) -5C - 4 \leqq -12$ $(3)\ C \geqq \dfrac{8}{5}$ $(4)\ 3C + 1 \geqq \dfrac{29}{5}$

$(5)\ 0 < \dfrac{1}{C} \leqq \dfrac{5}{8}$ $(6)\ C^2 \geqq \dfrac{64}{25}$

24.3 $(1)\ x \geqq \dfrac{8}{3}$ $(2)\ x \leqq -\dfrac{8}{3}$ $(3)\ x \leqq 2$ $(4)\ x \geqq -\dfrac{4}{5}$ $(5)\ x \geqq \dfrac{23}{7}$

$(6)\ x \leqq -2$ $(7)\ x \leqq -\dfrac{3}{5}$ $(8)\ x \geqq \dfrac{4}{3}$ $(9)\ x \geqq 5$

24.4 $(1)\ x \geqq \dfrac{3}{2}$ $(2)\ x \leqq \dfrac{1}{2}$ $(3)\ x \leqq \dfrac{5}{4}$ $(4)\ x \leqq -\dfrac{4}{7}$ $(5)\ x \geqq a - \dfrac{1}{2}$

$(6)\ x \leqq -4 - 5a$

24.5 省略

24.6 省略

24.7 $(1)\ x = 1, y = -2$ $(2)\ x = \dfrac{1}{3}, y = \dfrac{4}{3}$ $(3)\ x = 3, y = 4$ $(4)\ x = \dfrac{1}{3},$
$y = \dfrac{5}{3}$

24.8 $(1) -3 \leqq k \leqq 5$ $(2)\ k \leqq 3$ $(3)\ k \leqq 6$ $(4)\ k \geqq \dfrac{1}{3}$

25.1 省略

25.2 $(1)\ 1 \leqq x \leqq 5$ $(2)\ x \leqq 2, 3 \leqq x$ $(3) -3 \leqq x \leqq 2$ $(4)\ x \leqq -5, 4 \leqq x$

$(5) -3 \leqq x \leqq -1$ $(6) -1 \leqq x \leqq 1$ $(7) -1 \leqq x \leqq 2$ $(8)\ x \leqq -1, -\dfrac{1}{3} \leqq x$

$(9)\ \dfrac{3}{5} \leqq x \leqq \dfrac{7}{2}$ $(10)\ x \leqq \dfrac{2}{7}, \dfrac{5}{3} \leqq x$ $(11) -\dfrac{1}{5} \leqq x \leqq \dfrac{1}{2}$ $(12) -\dfrac{1}{2} \leqq x \leqq \dfrac{1}{5}$

25.3 $(1)\ (x + 1)(x - 1) \leqq 0$ $(2)\ (x - 2)(x - 4) < 0$ $(3)\ (x - 1)(x - 3) \geqq 0$

$(4)\ (x + 1)(x - 2) > 0$ $(5)\ (2x - 1)(3x - 1) \leqq 0$ $(6)\ (x - \sqrt{2})(x - \sqrt{5}) \geqq 0$

25.4 $(1) -\sqrt{3} \leqq x \leqq \sqrt{3}$ $(2)\ x \leqq -\sqrt{7}, \sqrt{7} \leqq x$ $(3)\ 1 \leqq x \leqq 5$

(4) $x \leqq -4,\ 2 \leqq x$　　(5) $1 \leqq x \leqq 3$　　(6) $x \leqq 2,\ 3 \leqq x$　　(7) $-5 \leqq x \leqq 1$

(8) $x \leqq -7,\ 2 \leqq x$　　(9) $1 - \sqrt{2} \leqq x \leqq 1 + \sqrt{2}$　　(10) $x \leqq 2 - \sqrt{2},\ 2 + \sqrt{2} \leqq x$

(11) 解なし　　(12) 任意の実数が解　　(13) $-4 \leqq x \leqq -2$　　(14) $x \leqq -7,\ 1 \leqq x$

(15) $3 - \sqrt{2} \leqq x \leqq 3 + \sqrt{2}$　　(16) 任意の実数が解

25.5 (1) $2 \leqq y \leqq 11$　　(2) $-53 \leqq y \leqq 3$

25.6 (1) $1 - \sqrt{2} \leqq y \leqq 3$　　(2) $-1 \leqq y \leqq -\dfrac{1}{2}$　　(3) $4 \leqq y \leqq 8$　　(4) $0 \leqq y \leqq 8$

(5) $-\dfrac{5}{4} \leqq y \leqq 2 + \sqrt{3}$

26.1 (1) $7 - j$　　(2) $-1 + 2j$　　(3) $74 + 71j$　　(4) -6　　(5) $-1 + 3j$　　(6) $27 - 13j$

(7) j　　(8) j　　(9) $3 - 2j$　　(10) 2　　(11) $2j$　　(12) 25　　(13) $3\sqrt{2}j$　　(14) $-2 - 2j$

(15) -4

26.2 (1) $\bar{z} = -4,\ |z| = 4$　　(2) $\bar{z} = 5j,\ |z| = 5$　　(3) $\bar{z} = 6 - j,\ |z| = \sqrt{37}$

(4) $\bar{z} = 3 - 4j,\ |z| = 5$　　(5) $\bar{z} = 9 - 5j,\ |z| = \sqrt{106}$　　(6) $\bar{z} = 3 + j,\ |z| = \sqrt{10}$

26.3 省略

26.4 (1) $3 + 3j$　　(2) $-1 + 4j$　　(3) 2　　(4) $5j$　　(5) -6　　(6) $18j$　　(7) 5

(8) 8　　(9) $6j$　　(10) $\dfrac{12 + 4j}{5}$　　(11) $\sqrt{2}$　　(12) $3\sqrt{2}$

26.5 (1) $-j$　　(2) $-6 + 3j$　　(3) $3 - \dfrac{j}{2}$　　(4) $\dfrac{1 - j}{2}$　　(5) $\dfrac{-1 + 5j}{2}$　　(6) $\dfrac{7 + 5j}{2}$

(7) $\dfrac{-1 + 2\sqrt{2}j}{3}$　　(8) $\dfrac{\sqrt{15}}{5}$

26.6 (1) 0　　(2) $3j$　　(3) $\dfrac{5 - 5j}{3}$　　(4) $\dfrac{3 - j}{2}$　　(5) $\dfrac{1 - j}{5}$　　(6) $\dfrac{\sqrt{2}}{2}(-1 + j)$

(7) j

27.1 (1) $(1, 0)$　　(2) $\left(1, \dfrac{\pi}{2}\right)$　　(3) $\left(1, \dfrac{3\pi}{2}\right)$　　(4) $\left(3, \dfrac{\pi}{2}\right)$　　(5) $(5, 0)$

(6) $\left(4, \dfrac{3\pi}{2}\right)$　　(7) $\left(\sqrt{2}, \dfrac{\pi}{4}\right)$　　(8) $\left(2\sqrt{2}, \dfrac{7\pi}{4}\right)$　　(9) $\left(\sqrt{2}, \dfrac{3}{4}\pi\right)$

27.2 (1) $\left(2, \dfrac{4\pi}{3}\right)$　　(2) $\left(6, \dfrac{\pi}{3}\right)$　　(3) $\left(2, \dfrac{5\pi}{3}\right)$　　(4) $\left(\dfrac{1}{2}, \dfrac{5\pi}{3}\right)$　　(5) $\left(4, \dfrac{2\pi}{3}\right)$

(6) $\left(2, \dfrac{5\pi}{6}\right)$

27.3 (1) $\cos\dfrac{\pi}{4} + j\sin\dfrac{\pi}{4}$　　(2) $\cos\dfrac{5\pi}{4} + j\sin\dfrac{5\pi}{4}$　　(3) $\cos\dfrac{7\pi}{6} + j\sin\dfrac{7\pi}{6}$

(4) $\cos\dfrac{\pi}{6} + j\sin\dfrac{\pi}{6}$　　(5) $\cos\dfrac{\pi}{4} + j\sin\dfrac{\pi}{4}$　　(6) $2\left(\cos\dfrac{\pi}{3} + j\sin\dfrac{\pi}{3}\right)$

(7) $2\left(\cos\dfrac{5\pi}{6} + j\sin\dfrac{5\pi}{6}\right)$　　(8) $\dfrac{\sqrt{2}}{3}\left(\cos\dfrac{\pi}{4} + j\sin\dfrac{\pi}{4}\right)$　　(9) $4\left(\cos\dfrac{5\pi}{3} + j\sin\dfrac{5\pi}{3}\right)$

27.4 省略

27.5 (1) $2\left(\cos\dfrac{5\pi}{3} + j\sin\dfrac{5\pi}{3}\right)$　(2) $\sqrt{2}\left(\cos\dfrac{\pi}{4} + j\sin\dfrac{\pi}{4}\right)$

(3) $2\sqrt{2}\left(\cos\dfrac{13\pi}{12} + j\sin\dfrac{13\pi}{12}\right)$　(4) $2\left(\cos\dfrac{\pi}{2} + j\sin\dfrac{\pi}{2}\right)$

(5) $2\left(\cos\dfrac{3\pi}{2} + j\sin\dfrac{3\pi}{2}\right)$　(6) $\dfrac{1}{2}\left(\cos\dfrac{\pi}{6} + j\sin\dfrac{\pi}{6}\right)$

27.6 (1) $-\dfrac{\sqrt{2}}{2} - \dfrac{\sqrt{2}}{2}j$　(2) $-\dfrac{1}{2} + \dfrac{\sqrt{3}}{2}j$　(3) $-j$　(4) $\dfrac{1}{2} + \dfrac{\sqrt{3}}{2}j$　(5) $32j$

(6) 16

27.7 (1) 実部 0, 虚部 1　(2) 実部 $\dfrac{\sqrt{2}}{2}$, 虚部 $\dfrac{\sqrt{2}}{2}$　(3) 実部 $\dfrac{1}{2}$, 虚部 $-\dfrac{\sqrt{3}}{2}$

(4) 実部 1, 虚部 -1　(5) 実部 1, 虚部 $\sqrt{3}$　(6) 実部 0, 虚部 -3　(7) 実部 0, 虚部 -5　(8) 実部 $\cos\theta$, 虚部 0　(9) 実部 0, 虚部 $\sin\theta$

27.8 省略

27.9 (1) $r^2\left(\cos 2\theta + j\sin 2\theta\right)$　(2) $\cos\dfrac{\pi}{2} + j\sin\dfrac{\pi}{2}$　(3) $z = \pm\dfrac{\sqrt{2}}{2}(1+j)$

27.10 (1) $z = -1 \pm j$　(2) $z = \dfrac{1 \pm \sqrt{3}j}{2}$　(3) $z = \dfrac{\sqrt{3}}{2} + \dfrac{1}{2}j,\ -\dfrac{\sqrt{3}}{2} - \dfrac{1}{2}j$

(4) $z = \pm\sqrt{2}(1+j)$　(5) $z = 1, \dfrac{1 \pm \sqrt{3}j}{2}$　(6) $z = -\dfrac{\sqrt{2}}{2} + \dfrac{\sqrt{2}}{2}j,\ \dfrac{\sqrt{2}}{2} - \dfrac{\sqrt{2}}{2}j$

(7) $z = \dfrac{1}{2} + \dfrac{\sqrt{3}}{2}j,\ -\dfrac{\sqrt{1}}{2} - \dfrac{\sqrt{3}}{2}j$　(8) $z = -j,\ \dfrac{\sqrt{3}}{2} + \dfrac{1}{2}j,\ -\dfrac{\sqrt{3}}{2} + \dfrac{1}{2}j$

28.1 (1) $5\boldsymbol{a}$　(2) $-2\boldsymbol{b}$　(3) $(\lambda + \mu + 2)\boldsymbol{a}$　(4) $\dfrac{3 - \lambda}{15}\boldsymbol{b}$　(5) $\boldsymbol{0}$　(6) $-3\boldsymbol{a} - \boldsymbol{b}$

(7) $7\boldsymbol{a} - 6\boldsymbol{b}$　(8) $\boldsymbol{a} - 3\boldsymbol{b}$　(9) $-14\boldsymbol{a} + 32\boldsymbol{b}$　(10) $-2\boldsymbol{a} + 3\boldsymbol{b}$

28.2 (1) $-\boldsymbol{a}$　(2) $-\boldsymbol{b}$　(3) $\boldsymbol{b}$　(4) $-\boldsymbol{a}$　(5) $\boldsymbol{a} + \boldsymbol{b}$　(6) $-\boldsymbol{a} + \boldsymbol{b}$

28.3 (1) $-\boldsymbol{a}$　(2) $-\boldsymbol{b}$　(3) $\boldsymbol{a} + \boldsymbol{b}$

28.4 省略

28.5 (1) $-\boldsymbol{a}$　(2) $-\boldsymbol{a} - \boldsymbol{b}$　(3) $-\boldsymbol{a} + \boldsymbol{b}$　(4) $\dfrac{1}{2}\boldsymbol{b}$　(5) $\dfrac{1}{2}\boldsymbol{b}$　(6) $\boldsymbol{a} + \dfrac{1}{2}\boldsymbol{b}$

(7) $\boldsymbol{a} - \dfrac{1}{2}\boldsymbol{b}$

28.6 (1) $-\boldsymbol{a} + \boldsymbol{b}$　(2) $-\dfrac{1}{2}\boldsymbol{a} + \dfrac{1}{2}\boldsymbol{b}$　(3) $\dfrac{1}{2}\boldsymbol{a} + \dfrac{1}{2}\boldsymbol{b}$　(4) $-\dfrac{1}{2}\boldsymbol{a}$

28.7 (1) $\boldsymbol{a} + \boldsymbol{b}$　(2) $\boldsymbol{b}$　(3) $\boldsymbol{a}$　(4) $\boldsymbol{a} + \boldsymbol{b}$　(5) $2\boldsymbol{b}$　(6) $-\boldsymbol{a} + \boldsymbol{b}$　(7) $-\boldsymbol{a} + \boldsymbol{b}$

(8) $-2\boldsymbol{a} + \boldsymbol{b}$　(9) $-\boldsymbol{a} + 2\boldsymbol{b}$

28.8 (1) $\dfrac{3}{2}\boldsymbol{a}$　(2) $\dfrac{2}{5}\boldsymbol{a} + \dfrac{3}{5}\boldsymbol{b}$　(3) $\dfrac{4}{3}\boldsymbol{a} - \dfrac{1}{3}\boldsymbol{b}$　(4) $\dfrac{11}{6}\boldsymbol{a} - \dfrac{3}{2}\boldsymbol{b}$　(5) $-\boldsymbol{a} - \dfrac{1}{3}\boldsymbol{b}$

(6) $-\dfrac{3}{7}\boldsymbol{a} + \boldsymbol{b}$

28.9 $x = \dfrac{4}{3}a + \dfrac{1}{3}b,\ y = \dfrac{2}{3}a - \dfrac{1}{3}b$

29.1 (1) $(-1,\ 6)$　(2) $(-2,\ 7)$　(3) $(-15,\ 10)$　(4) $\left(\sqrt{2},\ 5\sqrt{2}\right)$　(5) $(6,\ 7)$
(6) $(14,\ 7)$　(7) $(-4,\ -4)$　(8) $(-11,\ 8)$

29.2 (1) $\begin{pmatrix} -1 \\ 0 \end{pmatrix},\ 1$　(2) $\begin{pmatrix} 0 \\ -1 \end{pmatrix},\ 1$　(3) $\begin{pmatrix} 0 \\ 1 \end{pmatrix},\ 1$

(4) $\begin{pmatrix} -1 \\ 0 \end{pmatrix},\ 1$　(5) $\begin{pmatrix} 1 \\ 1 \end{pmatrix},\ \sqrt{2}$　(6) $\begin{pmatrix} -1 \\ 1 \end{pmatrix},\ \sqrt{2}$

29.3 (1) $\sqrt{10}$　(2) $3\sqrt{10}$　(3) $2\sqrt{10}$　(4) 5　(5) $\dfrac{5}{2}$　(6) 1　(7) $3\sqrt{5}$　(8) 5
(9) $\sqrt{130}$

29.4 (1) 5　(2) 0　(3) 4　(4) -1　(5) 2　(6) $-\dfrac{5}{6}$

29.5 (1) 15　(2) -5　(3) 6　(4) 13　(5) -11　(6) -3　(7) $2 - 13\sqrt{2}$
(8) 0

29.6 (1), (3)

30.1 (1) $\begin{pmatrix} -2 & 1 \\ -3 & -1 \end{pmatrix}$　(2) $\begin{pmatrix} -3 & 0 \\ 6 & 3 \end{pmatrix}$　(3) $\begin{pmatrix} 1 & -1 \\ 5 & 2 \end{pmatrix}$　(4) $\begin{pmatrix} -3 & 1 \\ -1 & 0 \end{pmatrix}$

(5) $\begin{pmatrix} 7 & -2 \\ 0 & -1 \end{pmatrix}$　(6) $\begin{pmatrix} 0 & 2 \\ -14 & -6 \end{pmatrix}$　(7) $\begin{pmatrix} -4 & -1 \\ -1 & 1 \end{pmatrix}$　(8) $\begin{pmatrix} -2 & 1 \\ 7 & -1 \end{pmatrix}$

(9) $\begin{pmatrix} 1 & -3 \\ 9 & -2 \end{pmatrix}$　(10) $\begin{pmatrix} -3 & 1 \\ 7 & -2 \end{pmatrix}$　(11) $\begin{pmatrix} 0 & -1 \\ 3 & -1 \end{pmatrix}$　(12) $\begin{pmatrix} 2 & -1 \\ 17 & -5 \end{pmatrix}$

30.2 (1) $a = -1,\ b = 0,\ c = -3,\ d = 5$　(2) $a = -1,\ b = 4,\ c = -2,\ d = 0$
(3) $p = -1,\ q = 4,\ r = 0$　(4) $p = 3,\ q = -5,\ r = -1,\ s = 2$

30.3 (1) $\begin{pmatrix} -5 & 2 \\ 3 & 1 \end{pmatrix}$　(2) $\begin{pmatrix} -10 & 1 \\ 0 & -10 \end{pmatrix}$　(3) $\begin{pmatrix} -1 & -\dfrac{2}{5} \\ -1 & -3 \end{pmatrix}$　(4) $\begin{pmatrix} \dfrac{25}{4} & -\dfrac{3}{2} \\ -\dfrac{7}{4} & \dfrac{11}{4} \end{pmatrix}$

31.1 (1) 1　(2) -2　(3) $\dfrac{5\sqrt{6}}{6}$　(4) 0　(5) $5a - 2b$　(6) $60a - 24b$　(7) $5a - 2b$
(8) $5a - 2b$　(9) $5a - 2b$　(10) $5a - 2b$

31.2 (1) $\begin{pmatrix} 4 & -7 \\ -1 & 2 \end{pmatrix}$　(2) $\dfrac{1}{2}\begin{pmatrix} 4 & -6 \\ -1 & 2 \end{pmatrix}$　(3) $\dfrac{1}{14}\begin{pmatrix} 1 & 3 \\ -4 & 2 \end{pmatrix}$

(4) $\dfrac{1}{12}\begin{pmatrix} 4 & 0 \\ 0 & 3 \end{pmatrix}$　(5) $\begin{pmatrix} 1 & 0 \\ 0 & 1 \end{pmatrix}$　(6) $\begin{pmatrix} 0 & 1 \\ 1 & 0 \end{pmatrix}$　(7) $-\dfrac{1}{29}\begin{pmatrix} -5 & 7 \\ 2 & 3 \end{pmatrix}$

(8) $\begin{pmatrix} \cos\theta & \sin\theta \\ -\sin\theta & \cos\theta \end{pmatrix}$　(9) $\dfrac{1}{a^2+b^2+1}\begin{pmatrix} a-1 & -2-b^2 \\ 1 & a+1 \end{pmatrix}$

31.3 (1) $x=-10$, $y=7$　(2) $x=-1$, $y=2$　(3) $x=1$, $y=2$　(4) $x=-17$, $y=-11$

索　引

著者略歴

丸本 嘉彦
1975 年 神戸大学理学部数学科卒業
現在　　大阪産業大学名誉教授，理学博士

張替 俊夫
1986 年 関西学院大学理学部物理学科卒業
現在　　大阪産業大学全学教育機構教授，博士(理学)

田村　誠
1992 年 京都大学理学部卒業
現在　　大阪産業大学全学教育機構教授，博士(理学)

すうがく
数学プライマリ

2004 年 3 月 30 日　第 1 版　第 1 刷　発行
2020 年 5 月 30 日　第 1 版　第 10 刷　発行

著　　者　丸本嘉彦　張替俊夫
　　　　　田村　誠

発 行 者　発田和子

発 行 所　株式会社　学術図書出版社

〒113−0033　東京都文京区本郷 5 丁目 4−6
TEL 03−3811−0889　振替 00110−4−28454
印刷　サンエイプレス（有）

定価はカバーに表示してあります．

本書の一部または全部を無断で複写（コピー）・複製・転載することは，著作権法で認められた場合を除き，著作者および出版社の権利の侵害となります．あらかじめ小社に許諾を求めてください．

© 2004　Y. MARUMOTO, T. HARIKAE, M. TAMURA　Printed in Japan